PLAN B

a guide to navigating and
embracing change

开始，
改变

[澳] 珊娜·肯尼迪 著

周坤 屈典宁 译

CTS | 湖南人民出版社·长沙

我的故事

我曾在运动管理、赞助招募与公共关系领域工作了八年。1999 年的时候我自认为达到了事业的巅峰，那时的我不仅被各种高端活动奉为座上宾，经济状况也十分不错，整日过着纸醉金迷的生活，往来都是社会名流。我每日起早贪黑，兴奋异常，跟打了鸡血一样。这种快节奏的生活着实令人沉迷，根本无法自拔。作为一个典型的完美主义者，我有着极强的好胜心，也绝不会让自己停下来，我也根本坐不住，一有闲暇不是往外面跑就是去健身锻炼。绝不会让自己有片刻独处的时刻，也绝不允许自己沉溺在情感的旋涡里无法抽身。

然而有一天突然一切都崩塌了。我的身体再也跟不上这种疯狂的快节奏，根本无力完成那些为自己设定的无休无止的目标，连以往那种待不住的激情都无法维持下去了。

我失去了健康，思维变得呆滞，身体也不听使唤，我的人生像是整个被按下了暂停键，感觉自己瘫痪了。无法移动，也无法思考，整个人完全僵住了一般，这种痛苦是我以前从未经历过的。慢性疲劳综合征令我的身心遭受了重创，然而厄运并未止步于此，抑郁也随之而来。

病中的我什么也做不了，长达一年的时间里无法创作也无法工作。由于失去了行为能力，我只能蜷缩家中。内心更是翻江倒海：震惊、纠结、责备、沮丧、羞愧、尴尬、焦虑、愤怒、无措、无望、孤独、痛苦、迷失和悲伤，各种负面情绪全都经历了一遍。然后我的脑海突然冒出一个问题："没了这份工作我还是谁？"

一直以来我都钟爱自己的各种荣誉与头衔，享受着它们带给我的安全感。似乎就是我的工作定义了我。当然不只是我，它们也定义了我的同事们。工作的头衔，驾驶的豪车，旅行的经历，收获的掌声，取得的奖牌与荣誉，还有前拥后簇的粉丝，这些都是他们自信的源头。然而我也曾亲眼见到了他们中许多人在体育事业戛然而止时的巨大落差。他们或因受伤，或因开除，或被迫提前退伍，或身体积劳成疾，或所属俱乐部经营不善，又或者仅是因为一次媒体披露的丑闻，自己辛苦打拼多年的事业就付之东流。而这样的事情随时都可能发生。

我发现那些从没有做过内心建设——首先将自己建设为人——而只是用事业、婚姻、头衔和地位来定义自己的运动员们在遇到变故的时候是摔得最惨的。因为他们的自信是源于外部因素，而并非从自己内心衍生出来的，一旦他们不再拥有那些定义自己的头衔便会感觉如坠高楼、落差巨大。这说明他们的自信并不是真正的自信。

我以前也没有做过内心建设，也是完全受外力驱动的。虽然我总是自信十足、胜券在握的样子，可我对成功的自信并不是建立在了解自己、爱重自己、关心自己、与自己身心合一的基础之上的。

　　而健康出现问题就是在向我敲响警钟——是时候做出改变了。疾病迫使我重新对自己的人生进行评估，迫使我将以往的计划全盘颠覆，我必须要重新开始了。

　　于是在接下来的一年里，在别人的帮助、指引和支持下，我慢慢制订了新计划——B计划——也就是在身体、思想以及灵魂上与真实的自我建立深度关联：这是一种健康的、可持续的发展模式。B计划拥有一套赋能的思维模式、全新的自我控制能力以及从容镇静的自信。这一路我经历了各种情绪，对它们也有了深入的体会，于是我将这些心路历程一一记录了下来。慢慢地，我建立了一个全新的、更好的自己，拥有了崭新的人生和未来。这些经历过的情绪逐渐变成了我的能量来源，成了我的安全感，人生意义、快乐、爱、自信和充实感实现了内在的和谐。

　　我决定为自己聘用一个"人生指导员"，也决意涉足"人生指导"这个领域，尽管在当时很多人压根儿就没听过这个概念。说干就干，我先获取了相关文凭，然后结合自己的亲身经历，很快就成了运动员们的人生指导员，指导他们如何顺利地过渡到退役阶段。对于这份工作我充满了热情，开始帮助他们进行自我建设，这样他们就可以自信满满、目标明确、清晰明朗地完成人生阶段的转变。为了帮助他们消除退役后产生的巨大心理落差，我会与他们一起度过这段悲伤的时期。让他们明白运动场下的人生也可以和场上一样精彩、一样充实，一样付出就会有回报。不仅如此，我还会邀请那些"过来人"加入我的团队，这样做不仅可以为他们打造出一张巨大的安全网，给他们带去安全感，同时也开启帮助他们事业上的第二春。

这些和我共事的运动员终于明白了工作就是工作，不过是过往从事的职业而已，并不能定义他们本身。当我们创造了职业角色以外的人生时，我们才构建了完整的人生，才能称自己为完整的人，才有了内在的自信。有了完整人生的他们可能正在研究自己未来事业的发展方向，可能在学习管理方面的知识，可能在建立运动领域以外的交际网、致力于实现自我价值，也可能正在加大自我关爱、自我管理、自我领导技能等方面的投资。哪怕是在风雨交加的日子里，哪怕又出现了意料之外的变故，他们也已经有了自己想做的事情，不再害怕也不再迷惘。

我知道我已经找到了自己的使命，但同时我也知道我所做的事情并不只是针对运动员这一个群体。对我们所有人来说 B 计划都是极为重要的，因为我们都需要学会掌控自己，理解自己，关爱自己，将自己打造为一个真正的人，让自己在人生发生变数时具备从容应变的能力。我们都应该与自己真正的力量、真实的自己建立起关联。我们都需要被赋能，需要去感受内在的和谐，沉着的自信，更需要坚守那份临危不惧的泰然自若。

于是我开始扩展自己的客户群，也为事业有成的总裁们提供人生指导。他们在事业上取得了辉煌的成就，但在面对退休或者人生角色转变时也经历着巨大的落差感、孤独感、焦虑和自我怀疑。没有了名牌加身，失去了事业的加持，一切名利权势皆成过往，要在这样的变数中重新认识自己，他们的这趟历练着实令人揪心。但好在他们又梅开二度，重新回到了自己的鼎盛时期。

我也帮助一些人度过了感情上的变故，他们或是经历分手，或是遭遇劈腿，或是痛失所爱，又或是昔日好友终成陌路。我仿佛化身一座桥梁，一端连着他们现今的处境，一端连着他们未来想要变成的样子。通常来说，这趟过渡之旅意味着他们的思想、情绪、习惯、规划以及未来视野全都需要重建。只有当他们消除了自己内心的恐惧，学会了原谅和放手，心中不再充满怨恨时，才能重获自由洒脱的人生。

我深感荣幸能够见证这些转变与成长，能够在他们重新找回自我时成为他们的支持者、欢呼者与指导者，能像灯塔一般引领着他们在人生困境中前行。我也很荣幸能够在他们实现梦想时一直站在他们的身旁支持着他们。

自 2020 年新冠疫情暴发以来，整个世界都在经历着巨变，人们急需适应，改变并制订新的计划。我们所有人都被迫卷入到这场浩劫之中，参与了这场生死考验。在这期间很多人经历了各种负面情绪的煎熬，恐惧、悲伤、焦虑、不安与愤怒无不折磨着他们。

跟很多人一样，疫情防控期间我的事业也按下了暂停键，一整年的预约谈话全部取消了。没错，仅仅在封锁的第一周里，我接下来一年的工作就全部泡汤了，连同工作消失的还有我主要的收入来源。但对于早就历经变数，懂得变通的我而言，这点变数并没有什么大不了的，所以我波澜不惊地接纳了这一切，甚至对未来还有点小兴奋。为啥我会兴奋呢？因为我知道我早已建立了一个强大的自我。多年的慢性疲劳综合征和抑郁症让我总是不停地评估自己的想法，不管是饮食还是睡眠，哪怕运动量和补剂摄入量我都要一一计较。如此带来的身心俱疲让我无法再继续执行人生的A计划，于是我便拥有了各种B计划、C计划。所以，这次被我视为一次难得的良机，可以与家人待在一起共享美好家庭时光，也可以趁机洒扫庭院、稍作休整，对以往的工作和生活进行复盘和整理，以便他日重新上路。至于那些消极的情绪，它们也并未就此宽待了我，依旧如洪水般奔袭而来——要是我的事业又得重头来过怎么办？要是再也没有客户需要指导了怎么办？要是这个，要是那个……好在我早已不是第一次经历这些了，任它变数千重，情绪万般，我很快就恢复了冷静，并且发现自己完全有能力做到心如止水，安之若素。纵使身处不适，我亦可以泰然处之，哪怕情绪翻江倒海，我亦可以瞬息平复。

现在我希望能够将这份从容自信也注入你的体内，助你安然度过这莫测难料的人生变数。

目录

第一阶段

识别与回应

第一阶段

识别与回应
变数

变数，起初最难，中间混乱，结局却是圆满。

——罗宾·夏玛

谨以此书献给我的母亲、朋友和老师，

你们身上彰显出来的强大能量，

非凡的适应力以及积极阳光的心态都令我受益匪浅。

正是因为你们，才有了这本书。

旅程

第一阶段
识别与回应
变数

第二阶段
修复与康复
治愈

按下暂停键与深呼吸

从当下开始
描述这个事件
感受痛苦并为它命名
理解你的情绪

认识你的感受与恐惧

制订急救方案
理解你的感受
评估与复盘
与恐惧共舞

拥抱悲伤

理解悲伤的各个阶段
练习基本自我关怀
谨慎选择你的路

选择你的叙事方式

你的故事是什么？
应对他人
保持关联
总会过去的

沉浸于自我关爱

沐浴在极致的自我关爱之中
通过自我连接与呼吸掌控镇静之法
借助"心流 FLOW"和"瑞恩法则 RAIN"应对压力

更新与加油

修复你健康的四大支柱
建立你的支持体系——日常活动与日常仪式
正念治愈法

通向正能量之路

练习关爱（慈悲）
允许自己放手
开始对自己说 Yes
心流与发现礼物

放手过往——你已经赢了

庆贺每次小小的成就
找到耐心与希望
设置小型活动时间表

人生总是处在不断的变化之中。世界日新月异，改变每分每秒都在发生着，所以变数是不可避免的。它可以是积极的、令人兴奋的，将我们推向一个全新的高度，让我们感受到前所未有的激动、欣喜与欢愉，但同时它也可以是毁灭性的，将我们一脚踢进痛苦的深渊，感受孤独与绝望的折磨。

你可能觉得变数是看得见的，是无法避免的，但事实上变数往往发生在你看不见的地方，出其不意地给你来上一击。不管你是否预计了变数，如果你想及时"转向"，那么你必须经历的第一步就是认清你所处的情形，然后对此做出回应。只有这样你才能在变数中存活下来，继续前行。而这就是你寻回内心平静，建立情绪平衡的第一步。

你需要仔细审视变数发生后自己的生活有了哪些改变，又失去了哪些，然后通过制订新计划来帮助自己继续前进。你要敢于承认自己目前的处境，相信自己就是在直面，在应对，在改变，在征服。

是时候对自己温柔点儿了。要相信自己就是独一无二的存在，接纳自己的不足，因为我们就是可能要比别人多吃些苦头，毕竟我们每个人成长的速度并不相同。

然后你便进入到下一阶段：复盘、重启、重新聚焦。想象我就坐在你的身旁，指导你书写自己人生的新篇章。虽然"人生"这本书的结局并不见得完美，但此刻我们已经翻过这一章，开始书写新的故事了。接下来会发生什么呢？让我们亲手来撰写吧。在这新的一章里写出你将如何应对当前的情形，如何处理身边的人际关系，以及如何让支离破碎的自己重新振作起来。请和我一道努力挖掘出那些上天赋予你的天赋吧。

4. 选择你的叙事方式

你的故事是什么？
应对他人
保持关联
总会过去的

3. 拥抱悲伤

理解悲伤的各个阶段
练习基本自我关怀
谨慎选择你的路

2. 认识你的感受与恐惧

制订急救方案
理解你的感受
评估与复盘
与恐惧共舞

1. 按下暂停键与深呼吸

从当下开始
描述这个事件
感受痛苦并为它命名
理解你的情绪

最真实最美妙的人生从来就不是容易的。如果你想过美妙又轻松的人生，还是趁早打消这个念头吧！

——格伦农·道尔

我上一份工作是运动管理与赞助招募，在结束这份工作的时候我就知道我的人生必须要做出改变了。有这样的想法不仅仅是因为常年辛苦工作带来的慢性疲劳综合征，同时也是因为我与公司未来的发展方向不相为谋。它早已被一家更大的企业收购，让我再也难以体会到"公司如家"的感觉。而我一直以来所钟爱的企业关怀文化被慢慢消蚀殆尽，似乎只有利益才是公司唯一的追求。

辞职的那天我其实害怕极了。我的心跳加速，膝盖止不住地颤抖，胃里更是一阵翻江倒海。我做的决定是正确的吗？要是做错了决定该怎么办？要是自己创业失败了又该如何？可要是这就是正确的决定呢？我一时千头万绪，脑中涌现各种问题却找不到任何答案，好在我的直觉掌控了局面："干就是了！凭心而动！"

说实话，我从没想过自己真正面临这一刻时内心会出现如此剧烈的波动，我还以为自己完全可以驾驭这场变数呢。那一刻各种情绪如同洪水般涌向我的心头，有对失败的恐惧，有辞去工作的伤感，毕竟这份工作对我而言宛如昔日爱人一般，还有憧憬未来的兴奋，不知道未来又会有怎样的奇遇？自然也少不了"告别前尘"带来的落寞与迷茫，没了这份工作我还是谁？我不知道。我这一生似乎都奉献给了工作，身边除了同事和运动员们又还有谁呢？

而我自此以后就完全独立了，那一刻我感到一种无法描述的空虚，一种令人窒息的孤独。我突然发现自己的人生如此浅薄。当我不再拥有公司的配车、信用卡和手机时，我感觉自己仿佛失去了生活的选择权以及人生的安全感。

我不得不早早在心中盘算好如何应对亲友熟识的盘问："你是哪根筋不对？竟然辞掉这么好一份工作跑去当什么'人生指导员'？"要知道那时候根本没几个人生指导员，甚至很多人压根儿没有听过这个职业。于是我不得不一边应对他人带来的负能量，一边还得处理我自己的伤心事——我的身体正遭遇一场劫难，很可能今后的人生道路都会因此改变。所以，在接下来的人生规划中我的身体健康状况也是一项我必须考虑的重要因素。

说实话，我人生中最好的旅程就是从那一天开始的。在这趟旅途中我学会了面对和接受，也学会了专注于自己能够掌控的事情。如今的慢性疲劳综合征早已和我化干戈为玉帛，我也已然学会了如何尊重它、照顾它、倾听它的声音，直至与之和谐共舞。

按下暂停键与深呼吸

你的人生刚刚经历了一场巨变。整个世界仿佛进入了一种旋冲状态，一切就像脱缰的野马，变得难以掌控。当你的大脑飞速运转想要弄清状况时，恐惧、震惊、疑惑与麻木也一并找上了你。刚刚发生了什么？此刻的你，不仅脑子一团乱麻，身体也止不住地颤抖。可就是这个时候，你最应该停下来，为自己按下暂停键，让自己稍作喘息。不管你现下正在做什么，也不管是不是你每日必做的事情，又或者是你必须完成的目标，统统停下来，停止你对自己的所有期待，也停下你对别人的期盼，你要做的就是让自己深呼吸。

空气是新生儿的第一道食物。——爱德华·罗森菲尔德

呼吸就是第一道能量灌注，是活力的输入，也是生命力的注入。

有了呼吸，也就代表活了下来。人生刚刚经历巨变，你要允许自己稍作喘息，吸上一口气，打开自己的胸腔，为自己的内心腾出空间来。停下来是为了给自己建立一道保护屏障，防止那些乱糟糟的思绪一股脑儿地涌进你的脑海，将其挤爆。慢下来，停一停，深深地吸上一口气，然后均匀地呼出，这就是你现在要做的全部。你可以尝试深度腹式呼吸，让自己获得彻底的放松。记住，你要做的就是让自己停下来，慢慢呼吸，吐故纳新。

呼吸时在心中冥想1：

吸气："清气纳入。"
呼气："浊物释出。"

呼吸时在心中冥想2：

吸气："心在当下。"
呼气："身心守一，气定神闲。"

始于当下，物尽其用，己尽所能。

———阿瑟·阿什

从当下开始

过去的你对人生有着完美的规划，憧憬着美好的未来，认为一切都在自己的掌控之中，可惜上天未必尽遂人意，变数总是不时出现在我们的人生旅途。自信的我们常常以为自己面对变数时会从容不迫、游刃有余，可事实上当变数真正降临我们头上时，哪怕我们已经早有准备也根本无法预料到自己所面临的是如此可怕的惊涛骇浪，可怕到将我们完全吞没，给我们身心带来重击。

遇到压力的时候，无论是好的还是坏的，你的身体都会释放出肾上腺素，你的心跳也会加速，血压也会发生变化。周身上下都释放出一种压力荷尔蒙。你应该对这种感受深有体会，你的身体状态开始发生改变，不仅呼吸急促，口干舌燥，而且手心也变得汗津津。而这些都是你在面对突发危险时所呈现出来的自然反应，又叫作"急性压力反应"。有些人可以很快调整回来，但对有些人来说事情就没那么简单了，这种压力反应可能给他们造成了一种惊吓，导致他们变得焦虑，各种思绪和感受给他们心头压上了沉重的负担。对后者来说，获取调整恢复的能力会是一种漫长的过程。

我还清晰记得自己人生中许多倍感压力的时刻。跟初恋男友谈了五年最后还是走到了分手；二十一岁时一个人漂泊异国他乡，被老板反锁在房间里，威胁我如果想要保住工作就必须陪他睡觉，我被吓得瑟瑟发抖（当然我拒绝了，之后他在工作中各种刁难我）；90年代初在当时男性主导的职场环境中不断遭遇性骚扰；好几次接到母亲的来电，被告知亲人英年早逝；还有家庭的矛盾与纷争……诸如此类让我喘不过气来的压力时刻数不胜数。这些压力伤害了我，但同时它们也改变了我。

然而最大的改变，却是——我被确诊为慢性疲劳综合征（CFS），还不到三十岁就被折磨得近乎"油尽灯枯"。当孤独和抑郁如洪水猛兽般奔袭而来的时候，我发现自己如同弃儿般蜷缩在房间的角落里瑟瑟发抖，不明白为什么原本好好的生活却会突然遭遇这样的变故。在内心深处我其实已经知道自己无法再与别人比肩了，因为我真的累了，需要休息，真正的休息。

那是我人生中最悲伤最无助的一天，因为就是在那天，我最终输给了慢性疲劳综合征，之后我终日卧病在床。我恨自己身体的无能，再也无法像以前一样随心所欲地生活了。也知道我的人生计划必须做出改变了，不管是我思考的方式、生活的方式、工作的方式，还是看待成功的方式，通通都要改变了。人生向我抛出了难题，给了我沉重的一击，似要将我重重地击倒在地。我的确被击倒了，感到了前所未有的压力，不论是身心、情感还是精神。觉得自己被压力打得一败涂地，溃不成军。而压力之后接踵而至的抑郁更是雪上加霜，我已然成了废墟一片。可是我又能怎么办呢？根本就没有快速解决问题的办法，也没有药到病除的灵丹。笼罩着我的除了悲伤，还是悲伤。

我能做的也是唯一能做的，就只有深呼吸。

描述这个事件

写作不仅可以帮助你梳理思绪，调整情绪，还能够将你从无尽的胡思乱想中解救出来，让你免于沦陷消极抑郁的怪圈。不仅如此，写作还可以让你清楚了解自己内在的感受和欲望，减少压力的各种症状，达到改善心情的效果。

一直以来写作都是我的自救良药。因为有了写作，不管是遭遇慢性疲劳综合征、抑郁症，还是其他外力的冲击，我总能将内心的愤怒、沮丧和不甘排遣出来。我知道必须与自己的身体状况"言和"，必须重塑自己的人生以迎合这些挑战，但我坚决不会让它们凌驾于我之上。这些东西说得再多也没什么用处，只有写出来才能真正治愈自己。

同时我写得越多，内心积压的情绪就排遣得越多，被它们压制的可能性就越小。

当你准备好了，记住是你真正准备好了、呼吸顺畅自如的时候，快速捋一遍刚刚发生的事情，然后将它描绘出来、写下来。与其让它在你脑中苦苦纠缠，使你不得安宁，不如一口气把它写出来。现在就写，将你刚刚经历的变数一五一十地写下来，你身处何处、与谁一起、具体日期、天气如何，无一遗漏，全写下来。所有的客户我都会让他们养成记日志的习惯，这样就可以将心中郁结的情绪抒发出来，那些消极的想法也有了排遣的出口——通过笔头写在纸上至少比积压在胸口好多了。而这就是这趟旅程最好的开端。所以请不带偏见，不做评价，如实地将整个事件写下来吧，如果硬要在描述的时候抒发情感，那么就请带上对自己的善意和怜惜吧！

可能由于某些原因你无法与你的朋友家人分享你正经历的困境。如果是这样的话，我会建议你给他们写信，因为我就是这么做的。2019 年 10 月我旧病复发，连说话都困难，很想跟朋友们倾诉自己当时的处境却又苦于无法见面，于是我就给他们写了信。

信是这样的：

在此之前我鲜少与人提及我心中的苦闷，最多也就三言两语一笔带过，但今天我很想跟你聊聊。我深受慢性疲劳综合征的困扰已经二十余年了。不仅如此，抑郁症也伴随我有二十年了，所幸如今我已经能够很好地控制它了，所以我一直也没有对外声张。没想到吧，人生指导员自己的人生也是一团乱麻。而且，在治疗上我并没有采用医疗常用的化学合成药剂，而是选择了我引以为傲的天然抗抑郁药物（很可笑吧，我知道）。刚开始这药的效果的确还不错，虽然消极抑郁、自我厌恶、伪装自己的念头总是不时出现，但好在这些都在我的掌控之中，我可以平心静气地与之相处，然后"指导"自己走出情绪的旋涡。每当冥想结束，心神回到现实的时候，我都会对自己说："我很好，一切都会好起来的！"可是后来我的情况呈现周期性的反复，从月初到月末会愈来愈差，消极的情绪逐渐增加，理性思考的能力也在慢慢消退。我因此变得怨天尤人，甚至会怪月亮、怪天气。要是一刻没有响起客户的电话，我就会觉得自己糟透了，根本不配当什么人生指导员，应该赶紧关门歇业才是。原本潜藏内心深处的自我否定与自我苛责趁机而动，瞬间就掌握了大局，而我则是彻底沦陷。接下来的日子里我茶不思、饭不想，这也不想做，那也做不了……直到有一天，我完全动弹不得，只能像个婴儿一样蜷缩起来，止不住地放声大哭，心里恨不得一死以求解脱。那时的我，除了告诉自己保持深呼吸，其他我什么也做不了。这一切最终的结局就是我患上了严重的偏头痛，总感觉头上和心口都压着千斤巨石，让我喘不过气来。

我真的是被折磨得怕了。于是我打电话向朋友倾诉，她建议我直接去看医生，我照做了。我都不知道自己是怎么去的医院，只记得那是一位女医生，我坐在她的诊室里，哭得声嘶力竭，连自己都不知为何如此。见此情景，这位医生说道："现在一切听我的，我是老板，放轻松，现在开始由我来照顾你。"于是我不得不将自己的骄傲暂放一边，乖乖地听从她的指令。现在，十天过去了，压抑心头的愁云惨雾开始慢慢散去，抗抑郁药物开始发挥效用，头痛的症状也在慢慢减轻，尽管我还是很累，但总算看到了希望，以前积极乐观的自己好像又回来了。虽然现在我只有吃药才能减轻头痛，但我并不觉得自己被打败了，反而觉得这是一种支持自己的方式。

我这个人很擅长给予，反倒是对接纳显得不那么在行。我好像从没有很好地接纳过，对我来说这是一项我必须习得的新技能。我很感谢我的丈夫和孩子们，他们一直以来都很优秀，可以说既体贴又善良。当然还有你们，病中的我极为虚弱，几近崩溃，心中更是惶惶难安，严重缺乏安全感，但好在你们始终陪伴在我左右，让我心安。每念及此，我心中总是常怀感激。

我知道自己必须学会控制心中这朵乌云，也知道自己不会是孤军作战。谢谢你一直以来从未用别样的眼光看待过我，给我的只有支持和鼓励。这份友情，弥足珍贵。

期待我们能早日品茗闲话，畅叙幽情。

感受痛苦并为它命名

你感受到的痛苦是什么样的？你能给它取个名字吗？这话听起来难以置信，但却是我经常跟我的客户谈起的话题。我会要求他们如实地给自己正遭受的痛苦命名。我认为这么做不但可以停止痛苦，还可以弄清楚痛苦的实质。你到底是觉得喉咙不舒服，还是肠胃不自在？又或是胸口沉闷不畅？我相信当你能心平气和地与痛苦相处，感受它的存在，然后给它命名的时候，这股痛苦才有机会被你挪动。当你能准确地辨认它，倾听它，感受它的时候，它才能真正被移出体外。只有当你将经历的变数、受过的伤害都清楚地写下来，然后给这份痛苦取个名字的时候，你才有了心安之处，可以放心地处理这些问题了。而这就是这趟治愈与成长之旅的第一步。所以，从现在起，从当下开始，不管是你身上所受，心中所感，还是脑中所思，通通写下来吧。

纵使痛苦如同惊涛拍岸，也只管淡然视之，去体会心中这份淡定从容；要深信自己定能平风驭浪，重获宁静。

当你可以平心静气地感受痛苦，命名痛苦，克制摆脱它的冲动，然后淡然地释放痛苦时，你便可以从容地应对下一波痛苦的侵袭。尽管听起来很难受，但这就是治愈之旅的第一步。当我听说堂弟的妻子年仅五十八岁就因心脏病离世的时候我就是这样应对的。堂弟的妻子这一生是幸福的，她人美心善，凡事总把家庭放在第一位，不仅生活上简单朴素，工作上也富有职业精神。她的灵魂是纯粹的、幸福的。当听闻她离世的噩耗，我呆坐原地，完全沉浸在悲痛之中，脑子里一幕幕都是她往日的容颜。心痛之深竟连身体也有了反应，不仅胃痛难忍，全身骨头仿佛灌了铅，眼睛也如同烈火灼烧，大抵是我的双眼也很想看见那些过往的回忆吧。虽然悲痛，但此刻的我并未逃避，而是选择顺应心意，静静地感受这份痛苦，在心中深深地怀念她。这就是我感受痛苦的经历，那你，又是在何处感受痛苦的呢？

理解你的情绪

回避情绪和感受的代价是巨大的：它会让你压力攀升，陷入困惑，还会让你的幸福感大打折扣。事实上，情绪并不只是我们脑海中的想法，而且是我们身体因为某件特定的事情产生的化学反应。它连接了我们的身体和思想，使之构成了一个反馈回环。

所以，不要反抗自己的情绪，也无须抵触你感受情绪的方式，你要做的应该是与之和平共处。

有了情绪，我们才有了各种感受。它们是我们人生中重要的组成部分。情绪的目的是让我们更清楚地知道自己是如何受到人生经历影响的。它们是帮助我们看清真伪，分辨是非的信号，让我们更清楚自己的境况。尽管有时这些感受可能令人害怕，让人不适，但只要我们努力学着去理解它们，顺应它们，与之协作，我们就能更好地理解自身，发现自己真正的需求，深层的渴望以及心底的信念。

有效应对情绪的第一步就是识别它们，与之命名，将其分门别类。

找到合适的词去标记这些情绪可以让你更清楚地看到它们的本质。即使眼前的情况杂乱无章，合适的标记词也会让一切清晰地呈现眼前。不仅如此，合适的标记词还可以帮助你更好地理解情绪，从而绘制出引领你前行的地图。我们要学着与情绪和平共处，因为这样不仅可以减轻我们的负罪感与恐惧感，还可以带领我们重新回到智慧的源头。所以当变数的洪流下次袭来，我们驭浪而行的时候也要试着与自己的情绪和解。一定不要强行镇压自己的感受，要将它们合适地表达出来才好。

　　下一页是苏珊·大卫博士整理的情绪列表，请在列表下方写出你现在正经历的情绪。

情绪列表

可以先从大类别入手,然后从精细分类中找出你的确切感受。

愤怒	悲伤	焦虑
暴躁	失望	害怕
沮丧	悲伤	压抑
生气	后悔	脆弱
自我防卫	抑郁	困惑
充满恶意	麻木	迷惑
焦躁	悲观	疑惑
恶心	难过流泪	担忧
感到冒犯	气馁	谨慎
暴怒	幻想破灭	紧张

受伤	尴尬	开心
嫉妒	被孤立	感激
遭遇背叛	(顾忌他人看法的) 扭捏	信任
孤立感	孤独	舒坦
震惊	自卑	满足
悲苦自卑	愧疚	兴奋
感到冤屈	羞耻	放松
愤愤不平	(觉得自己) 令人生厌	舒缓
(被折磨得) 痛苦不堪	可怜	兴高采烈
感觉被抛弃	纠结	自信

来源:苏珊·大卫博士

我现在正经历的情绪:

_____

_____

_____

_____

_____

_____

通过与情绪共处发现软化情绪之法

"爱人离我而去我真的好难过，没有了她/他我未来的人生该怎么办？我很想哭，我感觉自己的喉咙已经哽咽。这种感觉让我好难受，好无助，但我一定没问题的，我一定可以挺过来。"

确定你的情绪，不做评价地接纳它们

"此刻我很生气，很受伤，很尴尬，很迷茫。"

专注当下，这样你就不会陷入自己的情绪不能自拔或者执迷于自己的情绪

"这种感觉真的糟透了！但我现在正开车回家，专心开车才是我当务之急，现在除了开车回家我什么也做不了，所以我只需要一心开车就行。"

过去二十年我一边向顾问和指导员们学习，一边自己亲身体验，认真钻研软化情绪的技巧。与自己的情绪和平共处确实很难，很需要勇气，但也的确有效果，情绪的确慢慢被软化了。它让我立即就停了下来，让我拥有片刻"暂停"可以不用理会情绪，给情绪足够的时间自己去消化，也给我时间想出更合适、更健康

的对策。举个例子，我常常会因为自己与聚会格格不入而焦虑。我熬不了夜，酒量也不行，因为这两样都会加重我的慢性疲劳综合征和抑郁症，所以"你真无趣"这样的话常常出现在我脑海，让我倍感焦虑。这时候我就会问自己，我会有这种想法是因为我不会在聚会上说笑话吗？是因为我体力跟不上吗？还是因为我每天一大早就必须训练自己的大脑，告诉它自己很好，一切都好，而且我早就是这样了？

你需要给自己一些空间去做这样的尝试。不要想着逃避、躲避和掩盖这些情绪，更不要想着用酒精、购物甚至迁怒于他人来麻痹自己，这样做只会毁了你的未来。不管是用物质来麻痹自己，刻意去抵抗情绪，逃避或者忽略情绪，还是因为情绪大发雷霆都无法解决问题，甚至只能创造更多新的问题。这些老旧的方式没有一个是健康的应对策略，它们都无法让你实现和解。

你需要与自己达成协议，让自己学着去与情绪合作，试着去认识它们，允许它们在你的身体里流动，然后引领它们走向未来。这么做并不是为了摆脱情绪，也不是为了镇压或者掩盖情绪，而是为了在正确的情境下将情绪化干戈为玉帛，只有这样你才能更轻松地回应情绪，恢复健康状态。

理解 你的情绪

感受痛苦
并为它 命名

描述 这个事件

从当下 开始

如果你突然感觉到治愈带来的阵痛，不要害怕，这就是成长。

———Q. 吉普森

认识你的感受与恐惧

　　一旦你能够与自己的情绪和解，冷静下来深呼吸，平和地感受痛苦、理解自己的各种感受，你便可以制订出自己的急救方案。花点时间草拟一份方案，在上面安排一些任务，这样你的思维就有了专注点和方向感。现在就想想看，试着拟订一份类似"打碎杯子"这样的急需解决的问题列表。

制订急救方案

记住，急救方案只是一个帮助你应对变数的快速处理方式，它是暂时性的，并非永久方案。

在这份列表上的有些问题可能是你的朋友、家人、导师或者相关专业人员马上就可以帮你解决的。记住，现在你所经历的种种在将来某一天可能会成为你侃侃而谈的故事，而这故事也将成为他人的生存指南。

当我刚刚经历慢性疲劳综合征的时候我就急需一份急救方案。于是我雇了一位人生指导员来帮我保持积极的人生态度，一位自然疗法家（通过改变饮食、锻炼而不用药物治病者）帮我调养身体。我开始学习阴瑜伽，通过练习瑜伽去理解自我关怀的真义，感受呼吸的力量，这一切对我而言都是新鲜的尝试。与此同时，我还拥有了两位好友作为我的精神后盾。

我需要什么？	谁能帮助我？	如何帮？何时帮？
工作中开展新项目我需要一位啦啦队长来鼓励我。	苏珊娜、贝琳达和皮特	每周给我打一次电话，消除我的自我怀疑。
失去恋人或家人时我需要情感支持。	迈克尔、克里斯和彭妮	每个人每周陪我散一次步，走出家门聊聊天、散散心。
我需要改变我的品牌来适应当前的潮流。	哈里、博和米歇尔	在三周内更新我的品牌，更改网站内容和市场营销计划。
我需要法律/会计方面的建议以厘清我的事务。	卡姆、斯蒂夫和德布拉	从现在开始，实现经济独立。
我需要心理疏导以减轻压力，并且不将压力和悲伤等负面情绪转移到孩子身上。	卡罗琳、菲奥娜和大卫	在整个变数过程中每周安排一次心理约谈。
离开这份工作后我需要找到新的兴趣。	雪莉、山姆和塔尼亚	一周当中安排各种活动让我不至于空虚。
晚上我需要和朋友外出约会、放松。	梅丽莎、梅尔和亚历克斯	周五晚上享受"玫瑰时光"！

关于急救阶段的温馨小贴士：

>> 多与支持型的人相处。

>> 悲伤喜乐都是人之常情。

>> 敢于拒绝。

>> 不管什么聚会，如感不适你都有权提前离开。

>> 制定一个撤退策略，想要离开时可以大胆离开。

>> 允许自己改变想法。

理解你的感受

你知道吗？其实感受与情绪之间是有差异的。有证据表明感受是有意识地体验，需要心智层面的评估和意识的参与，比如难受、幸福或者恼怒这些感受都是需要你的意识参与鉴定的。而情绪则是发生在身体层面的，可以是有意识的也可以是下意识的，比如伤感、悔恨或者喜悦。我们的感受常常很混乱，摸不清，看不透，不但令人纠结困惑，势头还很强劲，有时如同洪水席卷，力可覆城，有时又很安静，底下或许暗流涌动，表面却是风平浪静，叫你难以辨认。

事实上，正是因为情绪在背后为感受提供助力，所以感受持续的时间远胜最初情绪的爆发。因此，你要做的是允许自己真实地面对自己的感受，因为你抵挡不了，你越是否认自己的感受，这种感受就会变得越强烈。

用准确的话语来描述我们的感受可能有点难，为了简化这个过程我引用了下图，这是由社会学者格洛丽亚·威尔科克斯博士绘制的"感受圆盘"，它可以帮助你理解、沟通和表达自己的真实感受。

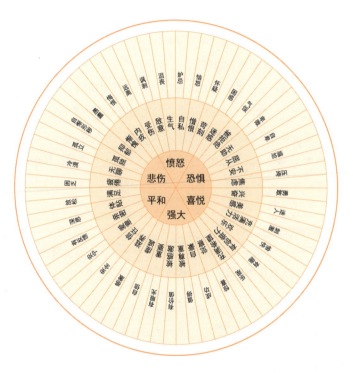

来源：格洛丽亚·威尔科克斯博士（泰勒－弗兰西斯出版集团）

"感受圆盘"当中提供了丰富的情绪词汇，你可以用来代替那些听起来过于学术的表达。你可以利用这个圆盘找到精准合适的词来描述你当前的感受，有了简洁地道的表述你与他人沟通起来自然就更有底气了。下面是"感受圆盘"的操作指南：

1. **感受你的感受**——当你开始感受你的感受时，端详这个圆盘。

2. **确定核心感受**——圆盘的使用应由内向外，首先找到核心感受，然后向外扩展，进一步寻找精准感受。

3. **你的真实感受如何？**——如果核心感受不清楚，你可以反方向而行，从外圈开始，由外向内寻找相关的感受，最终指向核心情绪。记住，不必强行为之，只需要慢慢地感受这些词汇，看看哪个与你的真实感受最匹配。

4. **比较**——利用这张"感受圆盘"图对比一下你现在与昨天，或者前天的感受，看看有什么不同。比如：

"今天我感觉既**害怕**又**不安**，但是昨天我感到很**满足**，很**快乐**。"

"今天我感觉很**开心**，整个人能量满满，**充满创造力**，但是昨天我感到**压力很大**，感觉被压制得喘不过气来。"

试着按照这样的方式记录自己的感受，连续记录一周。

"今天我感觉＿＿＿＿，但是昨天我感到 ＿＿＿＿。"

"今天我感觉＿＿＿＿，但是昨天我感到 ＿＿＿＿。"

"今天我感觉＿＿＿＿，但是昨天我感到 ＿＿＿＿。"

你可能会发现一天之内会出现两种，甚至六种不同的情绪和感受。然后你就会发现这些情绪好像只是在你身上流过，变化随时都会发生，你好像并不会像想象的那般深陷某种情绪和感受。

你要记住，情绪的变化是很快的，反倒是感受逗留的时间会长些，所以我们完全有机会试着去了解这些感受，并且与之协作。值得注意的是，当你隐藏自己的感受时，你就会控制自己的呼吸。所以，如果你想清楚地表达自己的感受，你可以像前面那样有意识地进行呼吸训练，这是一个非常有用的办法。

让你的感受在你的身体里自由流动吧。当你不再限制它们，你就会发现它们其实一直处于变化之中，明天的感受可能与今天的感受截然不同。当前的感受只是从你身体里经过，并不会如洪水猛兽般将你困住。

新冠疫情开始肆虐的时候，我的家乡维多利亚州进入了封锁状态，面对突如其来的变化我感到非常紧张。不过，我能在变数中看到机遇，也知道如何在困境中发现希望。过去二十年我都是独自居家办公，早已经形成了自己特有的生活节奏，所以封锁的变化对我来说不过是做出一些调整罢了。我每日都有例行动作，也有熟悉的音乐帮我快速进入工作状态。我习惯在工作的时候打开油汀加热器，也喜欢在固定的时间点休息放松。可突然之间我的丈夫要在我的家庭办公区域办公，我的两个孩子要在家里上网课，我就不得不跟以往安静的工作环境告别了。

于是我开始观察自己的情绪和感受并将它们一一记录下来，有时情绪倏然而至，我甚至就直接用便签写下来粘在我的笔记本电脑上。我发现我的情绪总是变化无常，然而我的感受却似乎慢半拍。虽然情绪变化得快，有时一天甚至多达五次，从难过，到开心，再到兴奋，然后变成感恩，最后又变成对我家庭状况、业务和事业的担忧，但我依旧可以轻松地给它们命名归类。在我发现恐慌的时候，我也看到了自己的天赋。这是一种敢于真正挑战自己，敢于跳出舒适区的天赋，它让我敢于直击灵魂地拷问自己，敢于竭尽所能地寻找最适合自己，也只适合自己的东西。

　　格洛丽亚·威尔科克斯博士的"感受圆盘"让我清楚地了解了自己正在经历怎样的情绪和感受，正是在此基础上我才知晓该如何继续前行。每天晚餐我们全家都会聚在一起讨论自己对当前状况的感受，这样我们就可以给彼此以支持，齐心协力共渡难关。当我们再次习惯共享家庭空间的时候，我惊喜地发现原来我们都有与亲人再次建立亲密关系的天赋。

评估与复盘

　　是时候对自己进行复盘，让自己处于一个更好的心智和情感状态之中了。当你发现自己身处的情境开始不再如同紧绷之弦，你开始找到些许平静时，你便可以开始再度行动起来，开始疗愈自己，并且开始制订一些计划了。想要对自己进行复盘，你必须做到心在当下，而不是眷恋过往。现在，你需要让自己专注于当下，然后盘问自己一些发人深省的问题了。这些问题可以让你重新拿回一些对自己的控制权，同时也会激励你为自己独特的情况去寻找积极的解决方案。我常常回答这些问题，而它们也的确帮我治愈了自己。

我今天做了什么让自己变得更强大？

　　例如：与朋友敞开心扉地聊天，散步一个小时，写了日志。

_____

_____

我今天觉察到哪些行为会伤害自己？

　　例如：消极的自言自语，酗酒，总是逃避问题，与他人攀比，拖延症。

_____

我今天在哪方面对自己有了更深的了解？

例如：是有人想要支持和帮助我的，有人对我的信任胜过我自己，散步半小时完全改变了我的状态，保持平心静气并记录自己的情绪让我感觉好多了。

我今天有什么地方是可以改进的？

例如：不要去评价他人，因为这会让我体内的正能量停止流动；多喝水，这样我就不会这么无精打采了；列好每日的任务清单，这样做起事来脑子就不会一片混乱了。

今天出现了哪些不好的诱因？

例如：艾米莉找到新工作诱发了我的嫉妒心；好朋友怀孕的消息使我心情难过，因为我无法拥有自己的小孩。

我该做什么才能继续前行？

例如：改变自己的心态；对自己好一点、温柔一点，允许自己悲伤难过，也允许自己好起来；每天给自己一点肯定，帮助自己继续前行。

_____

_____

今天有什么是值得我感恩的?

例如:萨拉给我带来了一些吃的,比尔载我去赴约,皮特帮我庆祝获胜,我今天很开心并且自己也意识到这种状态了。

_____

_____

养成定期清点复盘的习惯,使之成为一种生活方式,这是一件很值得做的事情。康复的重要一环就是允许自己不断进行内省,不断对自己进行评估并记录自己的感受。这是学以致用,更是打破舒适圈让自己不断成长,不断走向智慧的过程。

你需要不断地对自己当前的情况进行复盘。如果你愿意花时间认清当前的形势,然后做出一个健康又周全的回应,你一定可以让自己变得更好。

不破不立，先破而后立。

——无名氏

与恐惧共舞

想要过好这一生，就必须明白"万事不破不立"这个道理。我每天对你的呼吁其实就是希望你能够对自己目前拥有的一切心怀感恩，不要视其为理所当然。

改变可能是痛苦的，令人害怕的，但同时它也可以是令人愉悦，使人振奋的。你需要给自己一点空间去领悟并非所有的事情都那么重要，那么不可改变。而且就算变数来了，你又怎知这就是故事的结局，而并非新的开始呢？

改变是艰难的，也常常使局面变得一片混乱，可是比起直面变数顺势而变，负隅顽抗、故步自封所带来的痛苦可能有过之而无不及。况且，换个角度看，或许从长远来看这些变数是利大于弊。或许现在它迫使你改变自己的言行举止和生活方式，只是为了使你变成更好的人，很可能正是因为有了这些变数你才能茁壮成长，欣欣向荣，而这些将来自有时间来验证。你可以选择受困于"破"，也可以选择直面恐惧，勇敢再"立"。至于这"破"与"立"之间的混沌状态，我也早已习惯并接纳。以前的我爱憎分明，坚信事物非黑即白，但是后来我每天都会告诉自己，在这黑白之间其实还存在着灰色地带，我不可能每天都过得顺心如意，所以我必须学会接纳这种中间状态。

我常常告诉我的客户：人生就好比游乐场。（人生就好比一盒巧克力的说法对我来说有点太被动了。）在这游乐场里有许许多多的走马道，我们的人生也有各种各样的选择。在一条道上我们骑行了一会儿，觉得舒坦，可接下来我们却选择换一条道走走，哪怕放弃原来舒坦的道路可能是危险之举。人生中很多事情都是如此，比如婚姻、就业或者开启新的事业，这些选择无一不是冒险。当然也有可能你正在舒坦的道路上慢慢悠悠地走着，突然马儿就将你从马背上掀翻在地，或者干脆这条路都没了：新冠疫情，中年危机，突发疾病，无端灾祸莫不是如此。可即便如此，你也不必因为一条走马道没了就放弃整个游乐场，毕竟还有很多道路是你没有尝试过的，你还有很多选择。

你要记住，你永远有选择的余地，你永远不会被一条道、一种选择困住。你选择的下一条道路一样也未必就是永久的。希望你可以坦然面对这种不确定性，不要因为害怕变数而裹足不前。

事实上，恐惧是一种自然的、原始的、非常强烈的人类情绪。它使我们对身边的危险，不管是会对我们身体上还是心理上造成伤害，都保持高度警觉。这种恐惧的产生有可能是因为真实存在的威胁，也有可能是因为幻想的危险。我很喜欢一个词——FEAR，这其实是四个单词的首字母组成的，它们分别是False（错误），Evidence（证据），Appearance（外表）和Real（真实），由詹姆斯·莱斯利·佩恩提出。每当我脑子里出现了某些陈旧的消极念头而恐惧时我都会用这个词来安抚自己。比如在众人面前演讲让我心生恐惧，但我知道这种恐惧不是真实的，所以慢慢地我学会了向这种恐惧发出挑战，还会将这种虚弱的恐惧转化为某种兴奋感。

自我保护的本能能够让我们避免重蹈覆辙，不至于重尝苦果，但它也使我们感受不到快乐，无法尽情享受生活。

四步缓解你的恐惧：

1. **专注于自省和自我激励**——当你感到害怕、紧张和焦虑的时候，尝试自我审视，看看自己真正害怕的是什么。是害怕被拒绝？感觉自己配不上？还是害怕一切过于顺利？你只有弄清了自己害怕的根本缘由，承认它然后掌控它，你才能真正克服恐惧。你可以试着对着镜子进行自我激励，告诉自己你值得拥有幸福！你可以的！你很棒！

2. **清点你的选择**——列一张表，在上面写出如果你不顾恐惧毅然选择追求自己的梦想会产生怎样的结果，分两类写，一类是好的结果，另一类是坏的结果，然后再列一张表，写出如果你选择维持现状又会有什么结果。

3. **采取行动**——尽管面对恐惧，但只要天塌不下来，你就可以采取行动。佛曰："聚沙成塔，积水成渊。（汇涓流以成江海，积小善以成大德。）"你只管放手尝试新事物，走出恐惧，回到现实世界。

4. **庆祝**——庆祝你还活着，你还能动。庆祝当你开始治愈时周遭事物也还在变化着。当你能与恐惧共舞时，你就离感受完整的自我又更近了一步。

你想要的一切都藏在恐惧身后。

我每天都要与恐惧共舞一番。我害怕公众演讲，害怕黑夜（晚上 10 点后我就整个人变得很恐慌，害怕一切事物，因为我知道明天有可能是痛苦的一天），害怕我的爱人、孩子会遭遇不好的事情，也害怕工作寡淡无趣。但是我也知道正是这些害怕才让我时刻保持警觉，不敢松懈，也正是这些恐惧让我常怀感恩之心。虽然它们时常向我发起挑战，但我早已学会了如何快速将其转化。

与恐惧**共舞**

评估与复盘

理解你的感受

制订急救方案

我看见了你的恐惧，很强大。我也看见了你的勇气，更强大。有此勇气，何事不可为？

——格伦农·道尔《不被驯服的人生》

拥抱悲伤

悲伤是你经历变数时的一个自然过程。悲伤不仅会发生在一些重大人生变故上，比如死亡、离婚和失业，也会出现在一些不易察觉的事情上，比如当我们接受了新的人生角色，承担更多责任，拥有更多回报时。我们可能一边感到悲伤，一边又觉得莫名的兴奋。你失去的越重要，你悲伤的感觉就越强烈。

悲伤可以影响你生活的方方面面，而且每个人感知悲伤的方式也不尽相同。你的情绪，想法，感受，心情，行为，健康，自我感觉，个人身份，以及与他人的关系都可能因为悲伤而发生改变。悲伤可以让你变得难过，感到孤独，觉得被压得喘不过气来；也可以让你感到震惊，觉得被孤立，甚至身心麻木；当然它也可以静静地成为背景，在你灵魂深处飘荡，默默观望着你继续前进。

悲伤没有固定的模式，所以每个人的悲伤都不相同。有的人难过一整月就可以走出悲痛，而有的人则可能悲伤持续数年。可就是因为有了悲伤这一过程你才能"化悲痛为力量"，着手去创造新的体验，养成新的习惯，制订新的计划，以此来填补自己的损失。

理解悲伤的各个阶段

悲伤一共会经历五个阶段：震惊与否认阶段，愤怒阶段，抑郁与冷静阶段，对话与谈判阶段，以及最终的接纳阶段。

数年来我一直希望能给我的客户提供一幅简洁易懂的"悲伤指南"图，这样的话他们就可以轻松地在上面找到自己的定位。我很喜欢这张关于悲伤过程的总结图，希望这张图也能对你们有所帮助。

7. 回归有意义的人生

授权
安全感
自尊
意义

6. 接纳阶段

探索选项
新计划就绪

5. 对话与谈判阶段

求助他人
想要讲故事
努力寻找事件中的意义

4. 抑郁与冷静阶段

压制
能量匮乏
无助

3. 愤怒阶段

沮丧
焦虑
恼怒
尴尬
羞愧

2. 震惊与否认阶段

回避
纠结
恐惧
麻木
自责

1. "正常"发作

应对悲伤小贴士：

>>允许自己悲伤。

>>你有自己悲伤的方式，无所谓好坏，你只管按照自己的节奏去感受它。

>>照顾好自己的身体。悲伤的浪潮袭来时也要保证自己基本的饮食、睡眠和运动。

>>一步一个脚印，但有时也会出现往前两步，又后退一步的情形，不用担心，因为你知道时间会治愈一切。
理解并熟悉悲伤的各个阶段。

>>学会辨认悲伤时自己的症状，可能是情绪的翻涌，体重的增加或减少，失眠，又或者感觉自己被孤立。

>>纪念你所失去的东西。记录你的想法、感受、情绪，种一棵树，写一首诗，这些都是很好的纪念方式。不要试图忘记过去，因为过往的经历也是你人生的一部分，它在你心里永远有一席之地，所以为了你自己去纪念它吧。

>>和你信任之人倾诉自己的感受。他可以是朋友、顾问或者导师，只要在那个人面前你可以完全做自己就行，你可以毫无顾虑地向他倾诉，不用担心他会对你另眼相待。

>>允许自己悲伤是治愈的第一步。但在你经历悲伤的各个阶段的时候，你可以向上面这些人寻求庇护和安慰。

>>对触发事件做好心理准备。触发你的悲伤可能在纪念日、聚会、团圆，或者其他齐聚时刻，这些时刻会让你想起自己失去的东西，所以你要提前做好计划，想好如何应对它们。

>>如果你感觉自己无法应付，或者感觉自己又回到总是克制悲伤的老毛病时，立即寻求帮助。

>>这个过程需要时间，不可一蹴而就，当然也没有规定完成时间，完全因人而异。

我了解悲伤的各个阶段，自己也亲身经历过，也曾在朋友和客户遭遇重大人生变故时紧握他们的手，给予他们支持。他们或痛失亲人，或婚姻破裂，或友谊瓦解，或商场失意，或身体抱恙，这些无一不让他们的人生方向发生翻天覆地的变化。

练习基本自我关怀

自我关怀是灵魂的营养剂。自我关怀领域的研究者、作家及教师克里斯滕·内夫博士如是说，自我关怀就是像对待挚友一般对待自己，在面对自己痛苦煎熬的时候不是撇撇嘴视若无睹，而是允许自己稍作停歇，宽慰自己"现在的确很艰难"，然后耐心地询问："我该如何关怀安慰自己呢？"

自我关怀是我们能学会的最有疗效的治愈方法之一了。它能让我们的状态得到永久改善。练习自我关怀不仅可以缓解我们的痛苦，减轻我们的压力，还可以带给我们应得的善意和共情。我们总是把善意和共情施与好友，却忘了自己才是自己最真的朋友。用对待挚友的方式对待自己，可以让这趟治愈之旅迅速产生效果。

我的人生指导员曾跟我说，我们拥有的最长久的友谊其实就是我们与"自我"以及我们与身体之间的友谊。当我对自己的身体有了怨言，认为它精力不济，成为我人生的负担或阻碍时，我的人生指导员便提醒我要将自己的身体视为一个孩子，一个需要关爱的孩子。作为一个孩子，他不希望我拿他去和别人家的孩子攀比，只希望我能对他更好一点。作为一个孩子，他需要的是充满善意的，懂得关爱的父母。而我身体出现慢性疲劳综合征其实就是他在呼救："你能别对自己这么苛刻吗？你可以对自己好点吗？"

允许自我关怀介入意味着你开始真正关心自己，想要在内心找到些许和谐。每当悲伤、恐惧和变数发生时，其势头犹如洪水猛兽，我们无一不被打个措手不及，只剩满地狼藉。面对如此境遇，我们自然会沮丧，会犯错，会感到无能为力，觉得自己无法实现目标。但你要知道，我们终究只是普通人，是大自然的一部分，并非那只知干活不知疲倦，更无感情的机器人。

内夫博士将自我关怀的三大要素描述如下：

1. **"善待自己与自我苛责"**

   你要明白我们是无法做到完美的，失败和挫折本就是我们旅途的一部分。当我们经历痛苦时，我们要做的不是苛责自己和他人，或者独自郁闷，暗自生气，我们要做的是对自己温柔以待，因为只有这样才能让善意进入我们的人生，也只有这样才能提高我们的情绪敏捷度。

2. **"共性与孤立"**

   你要明白所有人这一生都会经历痛苦与苦难，所以此事并非针对你一人。所有人都会犯错，都会受苦，都会感受失去，感到压抑，也都会感到彻底的愉悦。这些都是人类的共性，所以不用觉得自己是唯一被孤立的那一个。

3. **"专注与过度关联"**

   这种专注指的是一种完全不对自己做评判的状态，在这种状态下我们可以观察自己真实的想法和感受。要知道我们是无法在忽略自己感受的同时与之共情的。这种专注要求你仔细观察自己的想法和感受却不陷入其中，所以我们只要觉察它们的存在就好，不必加以干涉，一切顺其自然就好。

一些有助于练习自我关怀的方法：

>>**与自己友好对话**——你的话语很有力量，所以要像对最好的朋友那样与自己说话，尽可能话语温柔。

>>**原谅自己的过错**——这个很关键，因为我们所有人都会犯错，你能做的就是原谅自己，然后大步向前，毕竟过往已往，你也无力更改。

>>**改变你的思维模式**——你需要改变自己的想法，尝试接受"有时你的行为并非你的本意"。你也要学会梳理自己的行为，要敢于相信自己可以做出改变，这改变足以滋养你的心灵。

>>**避免有害的评价**——对于那些消极的评价，不管是针对当前形势还是其他事情，你都应该选择按下不表，因为只有这样，你才能在未来拥有更多积极的可能性，更多机遇和产出。

>>**做让你快乐的事情**——允许自己快乐，给自己一些纯粹而快乐的时光，心中没有对任何事情的歉疚，就只有简单而纯粹的快乐。这种快乐会让你空虚的心灵迅速被填满。

>>**与他人建立情感羁绊**——想要关爱自己，你可以试着与他人建立感情，真诚地与对方分享自己的经历，在他面前卸下伪装和心防，坦然做回真实的自己，很快你就会发现自己原来并不孤独。

>>**关爱自己的身心**——你应该将注意力集中在那些让你感

觉愉悦、对你身心都产生积极影响的事物身上。

>> **发现激情**——经历改变可能会开启你新的爱好，为你打开新世界的大门，甚至会让你发现与现在完全不同的生活方式。如果这些发生了，一定不要感到羞耻或害怕，大大方方地让一切自然发生就好，这样做可以让你在面对人生变数带来的另一面时更为从容。

>> **不要把自己看得太重**——你要相信外人是希望你开心的。就算不是如此，你的开心也绝不需要外人的许可。你要知道，外人连自己的事情都自顾不暇，哪还有闲工夫操心你的事情。

>> **接受不完美的自己**——你不是一定要十全十美，也不是需要时时刻刻表现完美，只要你明白这一点，你大可以卸下肩头的压力。

14. 练习呼吸

13. 点根蜡烛（精油熏香）

12. 稍稍舒展身体

11. 架起双腿，往后一躺，放松身心

10. 列一个感恩名录

9. 小区里走一走

8. 看个轻喜剧

7. 做个冥想，听听身体的声音

6. 给好友打个电话

5. 记录自己的想法

4. 洗一个热水澡

3. 品品茶凝神静气

2. 听听音乐

1. 抱抱宠物

熟读下面的话，坚定自己的思想：

我已经准备好了，自愿强化自我关怀训练。

我愿为一个新想法而暂停前进的步伐，因为这个新想法可以让我变得更好。

我已经准备好让光照射进来。

我闭上双眼，屏退那些消极的念头，尽情享受这只有"我和呼吸"的特殊时刻，每一次心跳我都能清晰地感受。

不管我现在正经历着什么，只要注意力稍稍转移就能带来巨大的改变。

自我接纳的每一刻都是一种胜利。

这趟旅程富有意义。

自我关怀让我在回应压力时变得更有创意，也更有效果。

我要对自己友善，因为我给自己的爱越多，我的人生拥有的爱就越多。有了这样的觉悟，我的梦想、目标、渴望和需要就都得到了滋养。

我很喜欢"基本自我关怀"，因为它对我而言意义非凡。为了对自己温柔以待，深切地关怀自己，也为了我的家人、朋友和客户，我必须呈现真实的自己。通过这些年的上课、大量阅读书籍以及与幸福导师、教练们的共事，我终于对这个超能力——自我关怀——有了深刻的认知。一直以来我都对自己太过严苛了，对自己总是要求太高，期望太高，所以我总是感觉疲惫不堪。学习自我关怀真的让我的生活有了改变，它让我找到了一种既适用于工作，又兼顾心理健康和幸福感的节奏。

谨慎选择你的路

现在你已经学会了调整自己的呼吸，也找到了自己的空间，是时候思考该如何掌握未来的局势了。同时也是时候帮助自己培养、构建适应性和耐性了，你应当谨慎选择自己要走的路，而不是稀里糊涂地得过且过。你要知道，责备并不能帮到你，它只会让你感觉自己受到伤害，然后深陷悲伤的泥淖不能自拔罢了。

现在你要弄清楚一件事情，那就是如果一切不按原计划进行了，你的人生会变成什么样子。首先，试着在你的脑子里思考下面两个问题：

接下来会发生什么？

我该如何让开心进入我的人生？

丈夫突然离世后，谢里尔·桑德伯格在自己的言行思想上都变得尤为谨慎，凡事斟酌再三。这些在她的《B选项》一书中都有详细的体现。当被问及是如何挺过这段艰难时期的，她讲述了一位自己刚认识的女性的故事。这位女性是一位艺术家，也是一位寡妇。"有人问她在面临丈夫过世这样巨大的悲痛时是如何做到还能继续工作的，她回答道：'因为我人生中剩余的部分并未死去。我确实是失去了丈夫，但我除了妻子的身份，我还是一个母亲，也还是一名艺术家。'……如果你不能找到快乐的时刻，让自己变得开心，那么你的孩子也定然不会快乐。"

选择前进之路的三种方式：

>> 被突如其来的变数一举击垮，然后便消沉抑郁，整日焦虑忧心，从此一蹶不振。

>> 试着重新振作起来，努力回到事情发生之前的样子。

>> 愈挫愈勇，从消极的事件中吸取经验教训，直面变数然后适应它，而不是对自己过于严苛。

最后一次出现抑郁症状后，我便开始探寻更积极的改变。我积极配合自然疗法家，希望通过其他方式来替代抗抑郁药物，因为服用这些药物时常让我感到胸闷气短。（友情提醒：在试图摆脱抗抑郁药物之前一定要咨询你的医生，因为盲目为之很可能造成严重的副作用。）不仅如此，在善待自己这件事上我也做到了进一步强化，不断践行"不做评判，专注己身，杜绝攀比"三条准则。因此，在善待和关怀自己和他人方面我也有了质的飞跃。我开始真心地接纳自己，相信自己就是独一无二的存在，是一个活生生的人而并非没有情感的干活机器。身体就是我的家园，是我灵魂的归宿。我会试着引领它，训练它，对于它给予的反馈我也会认真考虑。

所以，你敢打开心扉去直面更强烈的感受吗？你敢打开心扉，相信如果你这都能挺过去，就没有任何东西可以难倒你吗？你敢打开心扉，让现在的你变得更加懂得感恩吗？你敢打开心扉去接受新的感情吗？你敢打开心扉去看看，其实你收到的支持远超自己的预想吗？你又敢打开心扉去发现，原来你与他人的关系已经远胜从前吗？

桑德伯格说过："由外部伤害带来的成长并不就是更好的，如果可以的话，我宁愿用这种成长换回我的丈夫。但我也必须承认，丈夫的过世的确让我与父母、挚友的关系更亲近了，也让我变得更懂得感恩，格局更开阔了。"

快速打卡

我现在有更了解自己和别人吗？
有哪些新的发现？

谁在支持我？
他们中哪一个人最令我感到意外？

这场改变人生的变数中
有出现什么新的机遇吗？

有时朝着正确方向迈出微小的一步，就是你人生中前进的一大步。哪怕必须踮着脚，也请迈出第一步。

——纳伊姆·卡拉韦

谨慎 **选择** 你的路

练习 基本自我关怀

理解 悲伤的各个阶段

选择你的叙事方式

是时候去改变，适应并制订 B 计划了。首先我们需要弄清楚自己的故事究竟是怎样的，因为只有这样我们才算真正拥有它。你不仅要跟自己讲述这个故事，还需要与旁人分享你的故事，因此你需要将这个故事描述得尽可能舒服得体。

你的故事是什么？

重写你的故事并非要你否认事实或者假装一切都没有改变，而是要你从人生经历中找到某些意义，更是要你明白就是这些人生经历造就了今天的你。

>> 记住你就是自己人生故事的编辑。
>> 问问自己你的故事是否真实，它是令你更鲜活了还是让你更封闭了。
>> 练习自我欣赏——不妨给你的故事添加一些积极元素。
>> 忘记你的陈年旧事。

如果觉得自己的故事不适合自己，任何人都有权做出更改。而改变的第一步就是要清楚你自己的故事，你必须有一个故事，接下来就是挑战你对这个故事的信仰，至于最后一步，便是重写你的人生旅程。在这个过程中，我们赋予过往的意义，或者说那些改变我们人生的事件才是最重要的。以上就是我们的故事创造的全过程了。当你选择重新构建故事框架，重新阐释故事内涵，准备大刀阔斧改写这个故事的时候，它也会让你变得更强大，各种改变也就随之产生。

试着回想下，有没有什么痛苦的人生经历让你觉得自己是个受害者或者幸存者，而这两者之中，你更想成为哪一个呢？

《一念之转》一书的作者，同时也是"功课（又名转念作业）"自我询问法的创始人拜伦·凯蒂建议我们将自己对当前现实的想法和评断记录下来，然后系统地进行逐个击破，这样就可以找出那些束缚我们的执念。一旦你写下了正在束缚你的核心执念，立马回答下面几个问题：

1. 那是真的吗？
2. 你能确定那是真的吗？
3. 当你相信那个念头时，你是怎样反应的？发生了些什么？
4. 没有那个念头时，你会是怎样呢？

旧故事	新故事	我的感受
信用卡负债累累。	虽然信用卡上欠了钱，但我会重新振作，努力还完欠款。	感觉重新获得生活的掌控权。
因为我不够好，所以我离婚了。	我的婚姻教会了我良好沟通的重要性。我会从中汲取教训，然后开启一段更健康的感情。	过往的经历让我变成了更好的自己。
前任和他的家人不择手段想要毁掉我。	我会依据法律对财产进行分割，制定孩子的抚养规划，尽力做好母亲的角色，开启全新的人生。	虽然觉得失望但也还好。
新冠疫情给我蒸蒸日上的事业带来致命打击，我被彻底击垮，上天太不公平了。	虽然我的事业不得不停滞，但我有了更多的时间和空间调整自己，陪伴家人，而且现在我也重新起航，开启了不受疫情影响的线上业务。	我适应力很强，又懂得变通，所以结果可能比以前还要好。
生意上的搭档欺骗了我。	我正在重新统筹规划，好让生意可以继续。同时我也从这件事情中吃一堑长一智。	现在的我变得更加谨慎细致了，自己掌控财政大权，成了一个更好的商人。
我不再是行政主管了，失去了这个职位所带来的地位让我很不安。	虽然我喜欢领导的角色，但现在是时候迎接新的挑战了。	我有了一份新的简历，一份新的领英（LinkedIn）简介，我已经准备好迎接下一次机会了。
我的宠物，也是我最好的朋友，在我的怀里去世了，这让我悲痛不已。	我正在经历悲伤的五个阶段，慢慢地我会从悲伤中走出来。	现在我不再需要操心宠物了，我有更多的自由去旅行了。不仅如此，我还当起了普拉提教练，生活又有了新的重心。

有一点你需要记住，那就是你最终的目标是感受生命纯粹的自由，而并非需要这形形色色的故事。还有，比起这些你讲给自己听的故事，现实生活往往要友善得多，很多时候是你自己将情绪和感受放大了而已。

著名社会心理学家、哈佛大学讲师艾米·卡蒂博士建议大家采取一种强势站姿——身体打开，肩膀舒展，双手叉腰——每天站个几分钟，尤其是当你脑海里开始上演那些旧故事的时候。她强调，这种站姿练习只要做个两分钟你体内的皮质醇和睾酮激素水平就会发生改变。因为这些激素是与力量和压力有关的，所以经常进行这种站姿练习可以让你在讲述自己的故事时变得更加自信。

应对他人

就算你做好了准备，应对他人这件事情听起来还是很需要勇气，一种直面难题的勇气。要是你还没准备好，那情况就可能更糟，甚至可能引发一系列的情绪问题。所以，当你打算重新面对这个世界的时候，一定要慢慢来，切勿操之过急，仔细想清楚你该如何与他人相处，你又该如何跟他们表达自己的需要和需求。

快捷小贴士：

1. 准备好日常基调

比如关于离婚："这是好聚好散，我们彼此都希望对方好。对我们两个来说这是最好的选择。我们的儿子也会因为有了更多的一对一亲子时光而更幸福。"

又比如关于辞职："没错这的确是一份体面的工作，但我真的不想每天早上 6 点赶飞机去悉尼。"

2. 发布行动信号

行动信号是将对话的主题从纠结的"为什么会这样"切换到直白的"接下来该怎样"。举个例子："如果你能来帮我重新装修起居室就再好不过了。""要是我们每周一能一起出门透透气、散散步就好了。"

3. 永远关切对方

"关切对方"的策略可以让你在说出任何可能会让自己后悔的话之前将自己从尴尬的对话中解救出来，或者可以让对方主动停止这个让你不悦的话题。这个策略就是将话题的主角迅速切换到对方身上，比如你刚在当地超市遇到了一些事，但你完全不想聊起这件事，这时如果对方问你，你就可以说："谢谢您的关心，您今天有遇到什么新鲜事吗？"或者"谢谢您的关心，您家人近来如何？"，记住，当你把话题的中心移到了对方身上，聪明的人一听就不会再继续追问了。

我的基调：

_____

_____

我的行动信号：

_____

_____

我的关切方式：

_____

_____

注意要多练习几次，这样你在和他人的对话中就会显得游刃有余了。

但同时你也必须做好心理准备，可能会听到一些你不想听见的言语，因为人们就是喜欢对别人的事情说三道四，妄加评论。当你不想继续对话的时候要敢于切换话题，保护好自己的正能量。

我有个客户婚姻破裂了，她身边所有人都不停地对她表示关切："你还好吗？你没事吧？"每个人都好奇地想要打听所有细节。于是我帮她一起制定了日常对话基调："谢谢您的关心，开始是有些艰难，但是我现在慢慢接受了。不过，说起来您近来如何？过得好吗？有什么事可以分享吗？"

保持关联

当我们经历人生中的变数时，我们常常容易自我孤立，总觉得逃避问题比直面问题来得舒服。这种狭隘的观点对我们的自信造成了消极的影响，其中一点就是会让我们感觉自己在这个世上格格不入。因此，我总是告诉自己感觉不舒服是件非常正常的事情，因为我们本来就是一个矛盾体。比如虽然我经常站在舞台上演讲，但是我内心其实是一个非常内向的人，我喜欢沉浸在自己的世界里，不用搭理任何人，这让我很满足。我也不知道为什么我会这样，一边很喜欢站在舞台上演讲（大概是这份想要通过分享知识、工具和技巧来帮助他人的热爱在驱使着我吧），一边又很享受简单的生活，觉得一个人静静地待在家里就很舒服，很有安全感。

保持关联，最简单的办法就是与朋友、家人或者同事建立一些固定活动，或者你还可以经常与你的导师、教练或顾问见面会谈。挑选三到四个经常做的活动，这样你就可以与外界保持关联了。哪怕你不喜欢，你也需要这样做，因为这就是你恢复健康前最好的治疗药物了。关于活动安排，你可以参考下方：

周一 与一位正能量的朋友一起晨跑，开启新的一天。

周二 和家人一起喝杯咖啡。

周三 除开有立即要处理的工作或者家庭职责，这天完全属于自己。

周四 与家人一起看场电影。

周五 约几个知心好友把酒言欢。

周六 与朋友出去美美地吃一顿。

周日 白天骑骑自行车，晚上早点睡。

或者你可以发展一些感情更深的友谊活动，比如每年都与同一个朋友去参加喜剧电影节或者每年都与同一群人进行募捐长跑。多几个这样的活动，这样一整年你都会与人保持接触。

总会过去的

你要记住无论你现在感受如何，也无论你经历过什么，这一切都会随着时间的流逝而成为过去。"总会过去的"，人的天性就是如此，什么都是一时的。我把这句话贴在我的镜子前，提醒我不管我现在的感受如何，它终会成为过去，不会一直都是这个样子。春风得意、欣喜若狂时如此，悲伤难过、痛苦万分时亦是如此。在这个世界上没有什么是永恒的——一切都在变化，从未停止过。

事实就是，只要你觉得一切都好，那么一切就都会好的。而这就是一切都会变好的唯一时刻。

——迈克尔·辛格

"总会过去的"让我们明白一个道理，那就是宇宙是永远在运动着的。这让我们更加确信自己不会一直都处于这样一个压抑的状态，我们应该打开眼界，着眼大局，而不是纠结于这一时一刻的感受。这句话也告诉我不要过分执着而应放平心态，让感受和情绪如同潺潺流水般从我们心头悄然淌过，如此就好。

选择你的叙事
方式

拥抱悲伤

认识你的感受
与恐惧

按下暂停键
与**深呼吸**

变数

第二阶段

修复与康复

第二阶段

修复与康复

治愈

沉浸于自我关爱

沐浴在极致的自我关爱之中

通过自我连接与呼吸掌控镇静之法

借助"心流 FLOW"和"瑞恩法则 RAIN"应对压力

更新与加油

修复你健康的四大支柱

建立你的支持体系——日常活动与日常仪式

正念治愈法

你看不见我是因为我藏在灵魂深处。别人需要你或许是为了他们自己，但我不一样，我只是想让你做回自己。

第二阶段主要是慢慢适应你当前的环境，在你制定新的长期计划之前给自己一些时间进行恢复，寻找新的能量。在这个阶段，你可以给自己的内心来一场断舍离，为自己腾出更多空间，在享受独处时光的同时对自己进行沉浸式的自我安抚训练，好让自己疲累的身心恢复精力。

这是一个自我修复，重新规划，让自己重焕生机的过程。如此重要的环节，自然需要时间，所以我们大可放缓脚步，切勿操之过急。在这章中我会给你提供很强大、很可靠也特别能经受时间考验的治愈训练，通过这些练习你可以与真正的自己重新建立关联，不仅可以修复自身的伤口，找到身心的平衡，还可以打开你的心扉，让你浑身充满正能量，甚至还会让你感觉些许成就感。

或许你会感觉很容易就陷入了自怨自艾的旋涡，但你要知道这其实也是你掌控局势的机会，你完全可以趁此机会摆脱一些过往的陋习，为自己建立新的常态。在这个过程中，耐心是你必不可少的朋友，时间是治愈你的良药，幸运的话你甚至还能在这个过程中发现自己的天赋惊喜。所以你只需要专注于最重要的东西，扫除内心无用的累赘，为善意腾出空间，并且牢记一句话：再宏伟的蓝图也是从一笔一画开始的。

4. 放手过往——你已经赢了

庆贺每次小小的成就
找到耐心与希望
设置小型活动时间表

3. 通向正能量之路

练习关爱（慈悲）
允许自己放手
开始对自己说 Yes
心流与发现礼物

2. 更新与加油

修复你健康的四大支柱
建立你的支持体系——日常活动与日常仪式
正念治愈法

1. 沉浸于自我关爱

沐浴在极致的自我关爱之中
通过自我连接与呼吸掌控镇静之法
借助"心流 FLOW"和"瑞恩法则 RAIN"应对压力

沉浸于自我关爱

自我关爱是指允许自己暂时停下脚步，给自己喘息休整的时间，这样才能再次向世界展现自己最好的一面。可以说自我关爱是治愈与恢复过程中最重要的一环，所以，不妨停下来伸伸懒腰，然后集中注意力，全身心沉浸于美丽的自我关爱之中去吧。

沐浴在极致的自我关爱之中

有意地进行休息可以为你提供强大的能量补给。休息可以让你从一个麻木的干活机器变回活生生的人。换言之，休息就是恢复生机，接纳改变的关键所在。它可以帮你摆脱压力，带你走向镇定。不仅如此，它还可以帮助你清除心中累赘，腾出精神空间，也正是因为有了足够的空间，自愈和重回平衡才有了可能。

我过去常常把休息视为自己的弱点。一旦我停止前进的脚步开始休息，尤其是作为一个母亲的时候，我就莫名觉得有一种负罪感，感觉自己既弱小又可怜。不过现在我的观念已经发生了极大的转变，在我看来，人生就好比一场马拉松，而休息就是比赛途中的补水站。为何我们不能时时停下来休息片刻补充能量呢？又为何不能常常回首看看来时路，重新调整状态以便更好地投入到接下来的比赛中去呢？我想只有这样，人生的收获才会最多。

每次出差外地参会演讲的时候，我并不会借机外出游玩或是参加什么聚会，相反我会趁机进行自我关爱。晚上八点半的时候我就开始冥想然后安然入睡，这样第二天我便可以早早起床，用脚步探索这座城市。孩子们还小的时候，工作日我都会选择在下午三点前完成工作，然后在去接孩子前躺个二十分钟进行深度冥想，身边只有我的狗雷克斯。不管是过去还是现在，能够在孩子和丈夫回家前放松休整片刻都是我在忙碌的生活节奏中选择暂停的方式，就像是电路中的切断器，咖啡中的续杯。只有休息好了，我才能有精力为一家人准备好晚餐，有耐心倾听他们讲述一天中发生的趣事，必要时还能辅导孩子们的功课。也只有休息好了，我才有心情在饭桌上与他们进行愉快的聊天。要是哪一天我没有停下来休息，或者说因为"忙于生计"而没有时间停下来休整喘息，那一天下来我定会感觉极度疲惫。

有一点你要记住，那就是光靠睡觉来进行休整是远远不够的。最好的能量是来自学会休息。事实上，休息是人体最基本的需求之一，只是很多人都没有给它留出足够的时间，反而变得习惯过度工作，习惯被压制着，习惯一身疲态。但是如果你的血槽空了，能量没了，怕是很难在接下来的路上继续保持清晰的头脑，做出积极正确的决策。休息是神圣的，我们的大脑、身体和灵魂都需要休息。如果你不能休息好，那一定是因为你还没有停下奔跑的脚步。

休息有时候指的就只是闭目养神，你双目微闭，意识依旧清醒，感受一股冷静的浪潮覆盖全身。你高抬双脚，大脑放空，这样的姿势可以让你的肌肉和脏器完全放松，不仅压力得以缓解，心情得到改善，警觉性、创造力、动机动力以及思维能力也都有了提高。这种操作并不难，而它的效果也是立竿见影的，所以放心去尝试吧。

这些休整喘息的时刻倒不必持续很长时间，每天5到20分钟即可。每天有24小时，也就是72个20分钟，所以将其中的一个用来休息又有何妨呢？这会让你更好地掌控压力、悲伤以及那些在你身体里来来去去的情绪。你也不必一定要躺下来休息，你大可以一边端坐，一边通过呼吸训练、冥想、倾听静心凝神的音乐，甚至是发呆的方式来放松自己。但有一点，无论你做什么，一定要把有意地进行休息当作一种挑战去完成。

一些关于有意地进行休息的想法：

>> 洗个热水澡。

>> 做个按摩放松一下。

>> 去外面散散步。

>> 在日常生活中添加精油。

>> 寻找一个让自己安静的地方，一把舒适的椅子或者花园里静谧的某处。

>> 种一棵树然后好好照顾它。

>> 安静地坐着，听听舒缓的音乐。

>> 聆听冥想引导。

>> 抱抱宠物。

>> 练习脱离感官的思考，做到不看，不听，不触，不尝，不闻。

我想做什么？

当你需要休息的时候，问问你自己："我想做什么？"然后带着这个问题坐下来静静思考，看看脑子里会冒出怎样的想法。这个问题会让你更清楚自己当前需要的是什么，也会让你再次以自己为荣。为了提醒自己，我把这个问题写在便签上贴在墙上，这样我就会一直记得。它成了我日常生活的引导，尤其是当我心浮气躁、焦虑不安的时候。

现在我的孩子们大了，我每天依旧会利用二十分钟进行有意的休息、冥想或者就只是简简单单地坐在后院那把专属于我的椅子上发呆。这是我对自己的承诺，是不可让步的迷你"自我"时刻，因为只有在这短短的二十分钟里我才有空间进行思考，练习正念，寻找内心的平静、善良和感恩。

你当然可以全身心地投入到生活中去，但你偶尔也需要想办法从中跳脱出来休息。

我想要经常做的事情：

1._____

2._____

3._____

4._____

5._____

我现在想做什么？

日志快速提示

我感觉……

_____

我想……

_____

我原谅……

_____

我很开心当……

_____

我相信……

_____

有时一天中最重要的事情就是两次深呼吸间的休息了。

——埃蒂·伊勒桑

通过自我连接与呼吸掌控镇静之法

慢下来——吸入平静，呼出忧虑

常常听说深呼吸就是给自己的"爱的便签"，它给了你喘息的机会，让你重新与自己建立关联，帮你从疲累中恢复过来。你呼吸的质量其实就反映了你生活的质量。呼吸就像是一剂良药，可以治愈你的灵魂，让你回归平静，让你空虚的世界又重新变得丰盈。

练习深呼吸可以让我们活得开心，浑身充满能量和动力。不仅如此，它还给了我看待事物的全新视角，我的慢性疲劳综合征和抑郁症也成了我人生的礼物，要不是它们，我的人生或许就不会如此充实，或许就只有表面的忙忙碌碌，内里却一无所获。深呼吸带给我平静和自信，赋予我倾听的能力，让我能够静下心来聆听家人、朋友和客户的声音，也只有这样我才能更好地为客户服务。可以说就是深呼吸帮助我放慢了节奏，让我能真正感受到自己在做什么。我出版的每一本书里我都有提到呼吸训练，因为它就是生命的能源所在，是我们人生的避难所，更是我们康复过程中极为重要的一部分。

在给客户们做指导期间，我就深受他们呼吸的影响。我总是要求他们放慢语速，进行深呼吸，这样我们就可以弄清楚他们的真实感受以及当时的真实情况。"你还好吗？"与"你真的还好吗？"是两个完全不同的问句，所得到的答案自然也就大不相同。

我与很多事业大有成就的人共事过，其中不乏顶尖的运动员和企业老总。他们都对"三段式呼吸法"的力量很是推崇，将其视为自己的超能力。我告诉他们要学会经常重启自己，在投入下一个任务之前要进行三次深呼吸，确保自己的身心都准备好了再行动，而不是仅仅凭借脑中的感觉。三段式呼吸法能让我们在寻找问题解决方案，看清未来发展方向和全面提升自己的时候真正做到心神安定。

多莉·帕顿曾经说过"越是经历风暴，树木扎根越深"。当你的脑中涌现情绪的风暴时——情绪反复、恐惧、愤怒与压抑——深呼吸就成了你的定心之锚、救命之绳。当你感觉情绪如同狂风暴雨要将你吞噬的时候，不妨想象自己就是一棵强大的树木，任凭枝叶在呼啸的狂风中左右飘摇，你的树干依旧岿然不动，因为你的根须稳稳地扎在土地里。试着深呼吸，慢慢呼出你的焦虑，这样你便可以找到自己的重心，甚至你所面临的风暴亦在你的掌控之中。

你大可以停下来，深呼吸。

越是经历风暴，树木扎根越深。

——多莉·帕顿

三段式呼吸法（Dirga pranayama）可谓是控制呼吸的艺术。其中"prana"指的不仅仅是呼吸，同时也是空气和生命本身。三段式呼吸法其实就是三次深呼吸，因而不受任何时间地点的限制，随时随地都可以进行。有了它，你就有了一把秘密武器，所以尽可能掌握它吧，通过不断练习让自己拥有这项宝贵的技能。

　　三段式呼吸法，顾名思义，就是三次绵长的深呼吸。在吸气与呼气之间，你还可以加入一些话语，比如下面这些来自一行禅师的话：

　　吸气微笑
　　呼气放松
　　这便是极美妙的时刻

　　或者更简单点：

　　我正在静静地吸气
　　我正在深深地呼气

　　我轻轻地吸气
　　我慢慢地呼气

　　呼吸就是你最好的老师，也是你最棒的朋友，是你回归自我，找到灵魂的关键所在。你要做的，就是让自己平静下来，轻轻地吸入清新之气，然后绵柔悠长地呼出心中的浊气与忧虑。

借助"心流 FLOW"和"瑞恩法则 RAIN"应对压力

生活中你一定会有身心舒畅的时候，自然也会有愁云惨淡的时光。而这愁云惨淡之时便是让"心流"进入你生活的最佳时刻了。你要让一切如同河水一般淌过你周身。你无须抵抗，更不用试图阻挡，因为这样做只会让自己疲惫不堪，徒添苦恼罢了。

我将"心流"一词写在我浴室的镜子上，时不时也会将其设为我的手机屏保，以此提醒自己修炼心境。一旦我有了一天的目标或者任务列表，我就会尽最大的努力让自己在这些目标和任务中穿梭，像河流一样潺潺流动，连绵不绝，完全无视岩石的阻扰。因为我心中明白，世间没有什么事情是一帆风顺的，我需要多点耐心。每当焦虑兵临城下，或是情绪铺天盖地席卷而来的时候，米歇尔·麦克唐纳创造的"瑞恩法则 RAIN"也会对你有所帮助。所谓的"瑞恩法则"其实是简单但却有效的四步正念练习，任何时候你可以将其纳入你的"幸福工具箱"以供使用。如果你想要与自我建立清晰深刻的联系，那么"瑞恩法则"一定是不二之选，它可以帮你从强烈难缠的思绪和情绪中走出来。

4. N(Nurture)

用自我关爱进行培养

（唤醒爱）

3. I(Investigate)

温柔仔细地加以调查

（深化理解）

2. A(Allow)

允许事情自然发生

（爱的基础）

1. R (Recognize)

认识正在发生的事情

（理解的根源）

心理学家塔拉·布莱克是瑞恩法则的伟大倡导者，他这样描述：

> 瑞恩法则可以立刻让你不再习惯性地抵触当下的体验。你是通过疯狂购物、吞云吐雾还是沉迷执念来实施抵触，这些都完全不重要。重要的是当你想把人生紧紧控制在自己的手中时，你其实是在斩断与自己内心、与这个世界的联系。

我在自己人生的诸多方面都应用了瑞恩法则，你也可以，接下来我来告诉你如何操作。

每当压力和焦虑来袭的时候，或者当你的身体进入了一种"或战或逃"模式的时候（此刻的你往往是有重要的决策要做或者工作中出现了难题），你的反应很关键。你的第一直觉可能是冒出一些不好的念头，变得消极，而不是静观其变，这个时候你就应该使用瑞恩法则了。

瑞恩法则操作步骤

R = 认识

不带任何评价地认识你正在经历的情绪和思绪。你只需要观察它们，给它们命名，然后告诉自己："噢，原来在我脑子里的就是这些东西啊，嗯，它们都会过去的。"下面是一些操作实例：我是真的很想吃巧克力；每次孩子离开家的时候我都会担心他有事；我真的很害怕做这个工作展示，因为我特别害怕在公众面前演讲；要是我在超市遇见前夫的新女友该怎么办？

_____

_____

_____

_____

_____

A = 允许，接纳和认可

允许自己感到不适，并且将它视为当前事实而接受它。你可以不喜欢这种感觉，但是你必须面对它。比如：是的，我又为那件事情感到担忧了；我又一次对独自一人这件事感到焦虑了；我很孤独；我很害怕。你需要听到这些声音，并且允许它们存在。

_____

_____

_____

_____

_____

I = 温柔仔细地加以调查询问

问问自己：是什么导致这一切？是否有别的时候我也有这种感受？这种感受通常会与什么样的想法有关？我的想法现实吗？我需要什么？我该如何帮到自己或他人？这些问题可以深化你的理解，让你更清楚自己接下来的行动。

N = 用自我关爱进行培养

像对待爱人一样，对自己多一点理解、善意和宽容。这不是自我可怜，而是接纳自己的人性、不完美和顺应环境而做出的改变。

在《全然接受这样的我》一书中，塔拉·布莱克这样说道："我们不应对恐惧和悲伤这样的情绪抱抵触的态度，而是应该像一个母亲拥抱小孩一样满怀善意地接纳我们的痛苦。"你可以尝试像她说的那样做做看。

只要练习到位，瑞恩法则会如同春雨浇灌大地一般让你重获自由，洗去你一身负面消极的想法。它会将你从压力下解救出来，带你走向温柔的关爱之中。

感觉压力巨大？
缓解压力小妙招

放松肩膀
进行三次深呼吸
进行一次全身扫描式冥想
列出你最关心的三件事
休息一下
去外面走走
调整你的行程安排
向他人求助
永远记住：没什么解决不了的问题！

借助 "心流 FLOW"
和 "瑞恩法则 RAIN" 应对压力

通过自我连接与呼吸
掌控 镇静之法

沐浴 在极致的自我
关爱之中

健康是第一大财富。

—— 拉尔夫·沃尔多·爱默生

更新与加油

修复你健康的四大支柱

你的身体和思想是你最有价值的财产，换言之，健康就是你的财富。然而这里说的健康并不仅仅指你今天的感受。它其实是一个完善的体系，由许许多多彼此关联的元素构成。如果你想要全面修复自己，那么你就一定需要了解健康的四大支柱：心理健康、情绪健康、身体健康和精神健康。

健康是我最看重的价值，是我的革命根据地，也是我的顶头上司——我每日的辛苦工作其实都是在为它打工。所以我每天起床都会问自己："我要为自己的心理健康、情绪健康、身体健康和精神健康做些什么？"不仅如此，我还把这些事情加入我的任务列表之中，和其他个人的、工作方面的任务一样，要是没做到我就会让自己进行深刻的反省。冥想、散步、喝水、记日志、练习感恩、帮助他人，这些都在我每日必做的任务清单上。

以单身母亲佩塔为例，当她离开薪水可观但压力巨大的医疗器械销售工作去过与她价值观相符的生活时，她其实早已身心俱疲。她工作的地方仿佛弥漫着毒气一般让她喘不过气来，所以很早以前她就有了离开的打算。在对她的指导过程中，我们从最基本的需求出发，即她的价值需求和健康需求。通过了解健康的四大支柱她开辟了自己的治愈之路，最终恢复了蓬勃的生命力。

身体用游戏治愈，思想用笑声治愈，而精神则用欢乐来治愈。

—— 亚瑟·阿什

为了给未来奠定坚实的基础，请修复你的健康四大支柱吧。你可以参考下面的提示为自己制定一个合适的计划。

心理健康－你的思想——去思考，去学习，去成长。你有在为自己的心理健康做些什么吗？

情绪健康－你的心脏——去爱护自己，关心他人。你有在为自己的情绪健康做些什么吗？

身体健康－你的身体——去畅享美食，去运动健身，去享受睡眠，去自由呼吸。你有在为自己的身体健康做些什么吗？

精神健康－你的灵魂——去找回初心，去获取归属感。你有在为自己的精神健康做些什么吗？

为你自己制定一张自我关爱的清单。至少提前几周进行规划，这样你就有足够的时间考虑周全，后续就不必总是往其中添加内容了。这份清单主要是发挥一个指引的作用，在你被卡住的时候为你提供帮助，助你继续前行。

心理健康

基础想法列表	我的列表
记日志	
练习积极言语暗示	
读 10 页闲书	
跟着指导做 20 分钟的冥想	
制定一个心理健康日	
清理抽屉或橱柜／整理	
与理疗师或人生指导员进行预约	

情绪健康

基础想法列表	我的列表
求助	
与关心自己的人在一起	
做一些自己喜欢的事情	
像对最好的朋友一样对着镜子与自己聊天	
敞开心扉接受别人的关爱	
在日记中记录自己的情绪	
进行一项有创意的活动	

身体健康

基础想法列表	我的列表
每天喝两升水	
每天运动一个小时	
每晚保证 8 小时睡眠	
每天小憩 20 分钟	
吃粗粮	
服用必要的健康补充剂（维生素等）	
设置每天的远离电子产品时间	

精神健康

基础想法列表	我的列表
每天晚上写一份感恩列表	
看看过去的自己，听听他/她的"智慧之言"	
相信自己，品行正直	
为每天设定有意义的目标	
了解精神中心是如何运作的	
主动提供帮助	
做真实的自己，为自己的核心价值效力	

胜人者有力，自胜者强。

—— 老子

自我关爱是你最好的商业计划。像这样在日志中清晰地记录自己在心理、情绪、身体和精神层面的自我关爱行为就可以时时提醒自己关注到健康的四大支柱。你也可以把自己最喜欢的名言和充满正能量的话语贴在镜子上，这样每天早上你都可以得到积极的问候。不仅如此，你还可以把自己的主要目标以及激励自己的话写在便签上，然后粘在车子的仪表盘上或者笔记本电脑旁，以此来提醒自己专注于此。

快速打卡

当我感觉	这意味着
不安	我只是普通人
空虚	是时候给自己加油鼓劲，积蓄能量了
困顿	我正在努力变得清晰
纠结	我害怕选择
迷茫	我正处于突破的边缘

建立你的支持体系——日常活动与日常仪式

我喜欢与客户们一起为"认真生活，关爱自我"制定简单可行的支持体系，主要包括日常活动与日常仪式两个部分。这二者可以让你感觉自己掌控着全局，拥有充实感，同时还可以让你感受到被滋养和培育的关怀感。出于自我关爱的考虑，有必要对日常活动与日常仪式进行区分。其中日常活动指的是每天需要完成的任务，而日常仪式指的是那些给你人生带来意义、收获甚至欢乐的行为。当然，只需要简单地调整一下对二者的看法，你就完全可以把日常活动转变成日常仪式了。这完全取决于你的心态。

举个例子，为了把清洁从日常活动转化为一种日常仪式，我特地在家中划出一块区域用作"洗衣区"，我很享受待在这里洗衣的时光。通过给房间增加绿植，在墙上贴上励志的名言，这块地方被我打造得井井有条，在这里我可以进行呼吸训练，可以放慢节奏，全神贯注于手头的事情，并且我的心中常怀感恩，为有衣可洗而心怀感恩，也为有洗衣机这样得力的工具而心怀感恩，更为有如此美好的环境而心怀感恩。于是我常常在那里一待就是许久，哪怕洗完衣服也不愿离去，仿佛在那里我可以享有片刻独属于"我"的时光。即便心绪翻腾，我都可以在这短暂的时光里利用"三段式呼吸法"让自己镇定下来，重新稳定心神。同样的还有收拾洗碗机里的碗碟这件事，过去一直被我视为无聊的家务，可在我对自己进行训练之后我的心态已然有了很大的转变，收拾的时候我心中时常感念自己何其有幸，因为若没有幸福的一大家子，又何来这么多碗碟要洗呢？

日常活动并不是总能让人干劲满满的，这是因为我们常常将其视为生活中的琐碎。可日常仪式就不一样，它们不仅给我们枯燥乏味的生活带来了意义，为我们的身心注入了能量，更让我们感受到前所未有的欢愉。而且当我们健康的四大支柱得到滋养时，我们还收获了一种别样的满足感。举个例子，养护花草本来是一桩极为平淡的日常活动，但如果你全身心地投入到这件事情上，细心地关爱这些花草，你就可以从中感受到愉悦，尤其是当植物茁壮生长，花团盛放的时候，你更能感受到一种敬意，这是花草对你的回礼。

你应该努力回到最根本的东西，专注于那些对你至关重要的事情，激励自己在简单的日常活动中寻找生活的乐趣和意义。比如早上闹钟响了，你完全可以进行五分钟的冥想，然后以一种积极的心态开启美好的一天，而不是日复一日地收听新闻或交通播报，再不然就是习惯性地打开社交媒体上下翻阅。或许你也会在早起后进行三次深呼吸，但为什么不增加一点程序，比如给自己来点励志的话语——"我已经很棒了，我知道的很多，拥有的也很多！"然后将这些活动慢慢变成一种充满善意的日常仪式呢？你还可以在吃早餐的时候使用特定的碗和杯子来提醒自己放慢节奏，用心品尝食物。又或者你可以试着改变自己对上班的看法，以往你可能认为这是一件再无聊不过的事情，是不得已而为之，但现在你可以换个角度，将工作视为一种馈赠，这样的话连通勤都会变得令人心情愉悦了。

不管你事前做了多少准备，等你真正成为父母的时候还是会感觉受到了冲击。我刚从生产的疼痛中恢复过来的那段时间我经历了好一阵子的挣扎，对自己身份很是纠结，心中总是不安。作为母亲我除了必须开始一些新的日常活动外，还必须面对一个现实问题，那就是哺乳似乎与我的慢性疲劳综合征不能兼容。我的身体实在疲惫，完全没有办法支撑我成为一个完美母亲，于是我不得不放弃这个想法。说实话，放弃成为完美母亲这种想法是我现在仍然需要做的事，因为孩子们越来越大，家中的景象也一直在发生变化，我根本无法时时刻刻做到尽善尽美。随着孩子们进入青春期，我身体的疲劳渐渐演变成了担忧和焦虑，虽然不算太严重。这一切的变化都在促使我改变自己的日常活动与日常仪式，只有这样才能确保我总是以最佳的状态（有时候还是乱糟糟的）出现在众人面前。

接下来的几张列表中呈现的都是一些帮助你快速建立基本日常活动与日常仪式的小提示。当你建立了自己的日常活动与日常仪式，你就会获得一种掌控感，在每天平凡枯燥的日子里找到生活的意义，为你的能量池重新积蓄能量，甚至还可以将这份关爱传递给其他人。只是有一点你必须记住，那就是只有你自己拥有的你才可以分享给别人，所以你需要在自己身上多花些时间，多多关爱自己，只有这样你才能随心所欲地分享你的爱。

将你的日常活动转化为日常仪式

我的专属仪式

示例列表	我的列表
晨间仪式	晨间仪式
早起，感恩	
进行三次深呼吸	
设定今日目标	
整理床铺	
锻炼	
沐浴	
饮水，享用营养丰富的早餐	
服用营养补充剂	
刷牙	
允许爱与善意	

示例列表	我的列表
日间仪式	日间仪式
小憩 20 分钟，跟着指导进行冥想	
写一则日记	
收听广播（播客）	
家务清洁	
舒展身体	
每次洗手的时候进行三次深呼吸	
倾听音乐	
逗弄宠物	
外出散步	
联络朋友	
打造一块情绪板	

示例列表	我的列表
晚间仪式	晚间仪式
享用晚餐并准备明天的食物	
规划明日任务表	
联系一位朋友	
8：30 将手机和电子设备关机	
洗脸、刷牙、精油护肤	
读 10 页书	
看电视	
对镜自省	
准备明天要穿的衣服	
进行三次深呼吸	
书写感恩日志，微笑	
准备第二天早上要用的激励话语	

一旦你建立了自己的列表或者任务清单，把它张贴起来，这样你就可以每天看见它，提醒自己了。当你感觉压力过大时，这份列表就会成为你的指引。而且如果你想修改列表的内容也可以随时修改。你大可以放心去尝试，看看什么才是最适合你的。你还可以把这份列表变成一个创意项目，去探索自己能量满满的晨间仪式和晚间仪式。据说只要你把一件事情坚持二十一天就可以把它变成习惯，我想仪式也是一样吧。

快速打卡——一周起始日志提示

我的重中之重是：

_____

_____

我想少做一点的是：

_____

_____

我想多做一点的是：

_____

_____

这周我想要的感觉是：

_____

_____

为了获得这种感觉我要做的是：

_____

_____

如果我被卡住了，我一定要记得：

_____

_____

或者采用最简计划

3-2-1 入睡法
上床前 3 小时，禁止饮食
上床前 2 小时，禁止工作
上床前 1 小时，禁止刷电子设备

正念治愈法

所谓正念，是指全身心投入当下所做之事的能力，能够不为他人言语所扰，不为外界事物所惑。这是一种可以习得的能力，也是你在适应各种变数时自我疗愈的重要组成部分。

七年前当我们在美国开始为期五个月的家庭休假时，我给自己设定了一个挑战——修习正念。慢性疲劳综合征虽然给我的人生带来了不便，但也赋予了我学会掌握生活中基本要点的能力。我有认真思考过"要是我专注发展自己的软技能我会变成什么样子呢？"。一直以来我都以为正念是一件很容易的事情，我只是没有时间去做罢了，我实在太忙了，周旋于各种事情实在抽不出身。但是在休假的那段时间我决定将其设为我的目标，去真正地了解它，练习它，并最终使它成为我生活的一种方式。现在我已经与正念建立了美妙的关系，我能够觉察和珍惜身边哪怕细微的事物：比如我家狗睡觉时呼吸的方式，食物的味道，热水滴在皮肤上的感觉，等等。修习正念之后我才发现我的人生原来如此富有深度，我对身边的一切事物都心存感激，连与这世间的一花一木打交道时我的心中都是无比欣喜的。

我们既可以外出练习正念，也可以在日常活动中变得专注，并从中获取成就感。放慢我们思维的节奏，专注于当下，可以帮助我们更好地与当下所做之事建立连接，进入一种内心平和的状态，从而与我们的情绪和平相处。进入正念状态后，那些我们应该心怀感恩的事物——不管是我们已经拥有的，还是我们正在建立的——都会慢慢凸显出来。不仅如此，正念还会给我们的人生增加不同的维度，添入柔情与意义，就连我们的灵魂也会被抚慰，价值感更是不断得到提升。当我们真正活在当下时，正念不仅让我们可以慢慢消化失落，放弃对完美主义的追求，还能助我们打开心结，选择包容与原谅，继而继续前行。在我之前的书中我已经写过很多关于正念的文章，因为它在自我关爱的思维中具有举足轻重的地位，而且，它也不需要花费你任何东西，所以何乐而不为呢？

当你感到惊慌失措、感觉需要镇静时，或任何时候你感觉灵魂与躯体"脱节"时，都可以使用以下方法。

环顾四周，鉴定 + 命名

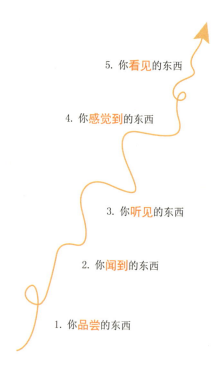

5. 你**看见**的东西

4. 你**感觉到**的东西

3. 你**听见**的东西

2. 你**闻到**的东西

1. 你**品尝**的东西

你是否感到有些焦虑或者压力过大？你是否想要与自己重新建立连接？请挺直腰背，静静端坐，缓缓进行三次深呼吸。

写下五件你能看见的东西 例如：太阳、墙上的画、路过的行人等	
写下四个你能感受到的东西 例如：拂过的清风、手中的铅笔、脚踏的地面、脖子上的围巾	
写下三件你听见的东西 例如：茶餐厅的聊天声、钟表嘀嗒声、鸟儿鸣叫声	
写下两件你能闻到的东西 例如：衣服上洗涤剂的味道、刚割的草地散发的清香、手中茶水的香醇	
写下一件你能品尝的东西 例如：薄荷味的牙膏、茶水在唇齿间的余香	

你越练习正念，它就越有可能成为你生活的一种方式。试着每天去观察三个事物，它们分别是赋予你能量的事物、你心怀感恩的事物以及不为你效力的事物。

不是所有的风暴都是来扰乱你的人生的，还有一些是
来为你扫清前路障碍的。

——保罗·科埃略

通向正能量之路

当你的身体和情绪状态恢复了，你整个人都会有所改变，你会变得更加稳重平和，充满自信和勇气，而这就是你踏上正能量之路、修习友善的开端。从现在开始，关爱自己也善待他人，不必事事计较，也要勇敢表达自己的态度，如此你便能寻回自己的心流状态，天赋也就自然得以彰显。

记住，只有当一扇门关闭的时候，另一扇门才会打开。

练习关爱（慈悲）

关爱（慈悲）可以说是最美丽的练习。几年前我学会了这门技能，生活从此有了很大的变化。它让我变得更加柔和，当我身体受伤或是心神不宁时给了我一种美妙的安全感。这里的慈悲一词指的是无条件的关爱，仁慈与善意。而它的修习方式，也就是冥想，则是指在心中对世间万物存有怜悯之情。你应该先对自己施以关爱，然后对你在意之人，继而是你无感之人，完全陌生之人，乃至你厌恶之人施以关爱，再往后，你的关爱就会遍及世间所有人。当你将平和与祝福赠予那些可能不配你善意的人时，你自己也在逐渐变得强大，自身也得到了治愈。

希望我幸福	希望你幸福
希望我健康	希望你健康
希望我安全	希望你安全
希望我生活从容惬意	希望你生活从容惬意

每当我难以入睡时，我都会练习曼特罗和冥想。而每次都如有神效，我的心绪总能得到安抚。我开始给自己施与关爱，然后将这份关爱传递给我的每一个家人，郊区中的每一户人家，直至全州，全国，整个世界，整个宇宙中每一个生命个体。你也可以像这样设计你自己的曼特罗列表。

我永远也忘不了那一天，当时我正在康复中心的课堂上进行冥想，我感觉自己整个人生都发生了改变。就好像暗室里有人打开了灯，黑暗与悲伤顿时一扫而光。瞬时间我感觉自己圆满了。

当你设计好自己的曼特罗列表，就把它张贴在你随时可以看见的地方，以此来提醒自己它神奇的治愈之力。你可以将其设为屏保，或者将其贴在镜子上，又或是把它写在便签上然后贴在汽车的仪表盘／中控板上，把这个地方当成你心灵的大本营。

允许自己放手

　　放手意味着愿意允许生活将你带到一个全新的、更深刻的领域。这话听起来简单，可做起来并不那么容易。但这也并不就是说要你完全忘记过去，而是要你对自己仁慈些，允许自己在内心为"放手"留一些空间，因为它的确能帮你重新振作，继续前行。放手的过程或许没有那么简单顺畅，但好在你有的是时间，并不需要着急忙慌地完成这件事情，只要你有耐心，最终你一定会找到自己的平衡的。

　　其实，不肯放手过往也是一件很正常的事情，毕竟那些人、那些事、那些地方都曾与我们紧密相连。可能我们就算选择了继续前行也仍旧对过往无法释怀，因为过往的工作，还有那些曾经一起共事一起生活的人早已成为我们人生无法割舍的一部分。我们也可能会困在伤感中无法自拔，总是纠结着、幻想着事情若不是这样又会有怎样的结局？会不一样吗？会变得更好吗？当我们终于懂得如何经营情感，维系关系，打拼事业的时候，有时却又发现它们早已离我们而去。于是不甘心的我们总是试图抓住那些远去的过往，可结果常常不过是徒留自己一身伤罢了。

放手的过程

>>首先要弄清楚是什么阻碍了你，然后你才能继续前行——
你要分清楚是你自己的原因还是其他人的原因。

>>下决定——放手这件事让你很不舒服吗？如果你要开心
起来哪些事情必须改变？要是一直困在这样的心绪里你
会得到什么？

>>把"不能"变成"不想"——"我不能"意味着我想要放弃，
而"我不想紧紧抓着不放"意味着我想要收回一些控制。

>>定个锚——你要非常清楚自己为什么放手，不然的话等
下一波情绪的浪潮袭来的时候你又会忘掉。

>>你要明白自己不是在做一件错事，放手过去是一种勇敢
的行为，你应该以自己为荣。

>>不要期待立竿见影的效果。

>>放手的时候完全可以痛哭一场，尽情感受这种释放。

>>感觉自己绷不住、很难受很正常，你要做的是屡战屡败，
屡败屡战——这是再正常不过的事情了。

>>你要相信你会好起来的，因为你一定会。

我愿意放手的四件事：

1._____

2._____

3._____

4._____

如果你总是盯着自己害怕的事情，那么你很可能面对成长和进化这样的想法不知所措，也无法做出改变，制定出新的计划。但是只要你借助爱、善意和慈悲心，你就可以慢慢摆脱恐惧，敞开心扉并走上正能量之路。当你选择专注于当下，你的机会就会主动向你走来。所以，不要害怕，去追随你的幸福吧。

专注于放手，慢慢来，进入心流状态就好了，记得在这个过程中增加一点爱、善意和慈悲。

你现在就可以放手的五件事：

>> 总是拿自己与他人比较

>> 凡事需要别人的批准

>> 总是讨好别人

>> 总是贬低自己，让自己难堪

>> 总是担忧那些你无法改变的事情

开始对自己说 Yes

这是你可以对自己说的最重要的一句话："Yes，我可以！"的确，"Yes"是一个很美妙的词，尤其是当你历经变数打算重新入世的时候，这个词简直妙不可言。

"Yes"其实就是一种接纳练习。随着我们康复之旅的开启，我们也可以试着对自己的人生说"Yes"，不妨敞开心扉，让自己变得积极，热情接纳新的能量进入自己体内。

当我不得不改变自己的业务，快速调整为 B 计划的时候，我其实也经历了一段悲伤的时期。我不得不花时间与自己重新建立连接，开始把自己放在中心位置，然后一点一点地治愈自己。但好在我很快就开始对自己和整个世界大声喊出了"Yes"。我仿佛注入了全新的能量，我换了新手机，遇见了新朋友，拥有了各种前所未有的全新体验，而且在这期间我还心血来潮写了一本新书。

但"Yes"有时候也会把我吓个半死，因为它总是与我的恐惧相伴相生。如果我对公开演讲说"Yes"，我就会变得异常焦虑，要是我的客户们发现我压根儿就没受过任何演讲培训该怎么办？他们会作何感想？要是我对聚餐说"Yes"，我知道我一定会在吃饭时满脑子盘算着如何遁走，因为只有逃回家，锁上门我才能重拾安全感。总之，连最基本的社交场合对我这个"社恐"来说都是充满挑战的。不过搞笑的是，像是走进公司会议室，拿起电话向别人介绍自己，或是在播客上或晨间秀上接受采访这样的事情对我来说却是一点问题都没有。我想这大抵是因为人生指导员这份工作给我带来了极大的乐趣，它是我的激情所在，是我真正的热爱，它战胜了我的恐惧。我把这份工作当作了自己的使命，将其视为自己从慢性疲劳综合征那里收获的礼物，因为要不是我在人生最灰暗的日子遇见了我的人生指导员，我根本就不可能考虑从事这个行业。

敢于说"Yes"并不代表对一切都可以说"Yes"，也并不表示可以牺牲、损毁你自己的时间、精力、价值和生活仪式去取悦其他人。它更多的是指你给自己勇气和信心去做你内心深处想要去做的事情，哪怕这件事情让你畏惧。

一些对自己说"Yes"的理由

>>有人相信你。

>>面对机会如果你不敢说"Yes"，你很可能因此错失一个奇迹。

>>机不可失，时不再来。

>>人生可能因为你敢于说"Yes"而变得更加丰实，更有创意，更具活力。

>>敢于说"Yes"会鼓励你突破自己。

>>当你告诉世界你可以，正能量便向你悄然走来。

如果有人给你提供了机会而你又不确定自己是否能够做好，请先抓住机会，然后再去学着怎么把事情做好。

——理查德·布兰森

不要问自己"为什么？"，要问自己"为什么不呢？"。

我愿意放手的四件事：

1._____

2._____

3._____

4._____

记得问问自己"你最想发生的事情是什么？"，好好思考这个问题。如果这件事发生了会带给你什么样的感受？你可以坐下来好好想一想，也许你会发现"Yes"是你唯一的选项。

心流与发现礼物

　　我前面提过，随情绪流动是应对情绪、提升心境的重要手段。但其实当你开始感觉良好的时候还有另一种流动也随之产生。这种流动会推动你重新打开心扉、继续前行，也会让你看清人生这条奔流不息的大河或这趟前途未卜的旅途究竟会将你带往何处。心流是我最喜欢的词语之一，我把它写在镜子上，也作为手机屏保，就是想让它时刻提醒我不要活得如此在意，很多东西如同手中之沙，抓得越紧，漏得越快，同时也告诉我要变得洒脱些，尽可随着人生，他人，甚至整个世界流动，不必执着于掌控一切。而且，大自然一直在教我们如何流动，所以不妨听从它的。

　　想要进入这种心流状态，你就必须降低对自己和他人的期待。

我可随之流动的三件事情：

1._____

　　_____

2._____

　　_____

3._____

　　_____

　　你可能记得有人说过这样的话："当时真是糟糕透了，但如今看来这段经历却是上天赐予的礼物。"其实很多人生中最宝贵的经验都是来自挫折、失败、崩溃，甚至是健康、事业和感情中出现的重大波折。失去所爱我们无能为力，但换个视角也许你可以从这件事中找到治愈自己的礼物。你会发现悲伤给你带来了一份最好的礼物，那便是意识到生命的宝贵，同时也让你明白爱的重要性，不管是对你自己还是对他人。

　　不好的事情发生时其实也向你发出了一份邀请，邀请你去寻找治愈自己的礼物。你可能准备好了也可能没有，但只要你准备好了，这份礼物就一定在那等着你。

你能发现下面这些礼物吗？

>> 我发现了感恩。

>> 我提高了意识和直觉。

>> 我能重新感受到一些简单的快乐。

>> 我获得了智慧。

>> 悲伤让我变成了一个更好的人。

>> 我变得更有耐心，更加善良。

>> 我在黑暗中发现了光。

>> 我更加关爱自己了，对他人也更具同理心。

>> 我学会了如何呼吸。

>> 我找到了自我。

下面是一些我被赠予的礼物：

_____

_____

_____

_____

在每一天中寻找礼物，然后在日志中将它们一一记录下来。

心流与发现礼物

开始
对自己说 Yes

允许自己放手

练习关爱（慈悲）

如果我做不了大事，我至少能把小事做得大气一点。

——马丁·路德·金

放手过往——你已经赢了

庆贺每次小小的成就

庆祝每次小小的成就可以让你更有动力。任何进步和微小成就所带来的力量都是不可小觑的，是人类的基本需求之一。（一直以来你都是家人、朋友和客户们最大的支持者，在他们取得任何成就时你总是第一个跳出来为他们欢呼、呐喊。）事实上，就是这些微不足道的成就给了你动力和自信，让你感到喜悦和欢愉。这些小小的成就累积一处，就会变成巨大的成功，因此从现在开始你要留心它们，认可它们，为你自己庆贺，并且将这些成就分享给你的朋友，然后看看这个世界会为你的成就作何反应。

这些成绩、进步、胜利虽然渺小，但庆祝它们却可以产生莫大的影响。以前我们可能以为只有巨大的成就才算成功，但其实我们并不总是需要所谓的大成就，况且成就所带来的兴奋和满足感常常也是转瞬即逝。相反，庆祝每次小小的成就，比如做出了一块美丽的肥皂，完成了我们的报税单，精心打理了花园，顺利开展了工作会议，早晨6点就爬上了瑜伽垫，或者完成了一项一直逃避的任务，会让我们感觉更好。因此，开始关注那些生活中点点滴滴、微不足道的成就吧！

在我最黑暗的那段日子里，慢性疲劳综合征导致我无法移动，简单到开灯这样的小事我都无法完成，甚至最糟糕的时候连抬起一根手指的力气都没有，而我的人生指导员却总能发现我的任何进步并为我庆贺，我还清晰地记得他为我能从房间到信箱走个来回而欢呼雀跃的样子。虽然只是再简单不过的小事，但当时的我们都认为这简直就是个奇迹。

在康复路上，我深知前途漫漫，艰险异常，但同时我也知道我能做的只有迈出脚步，一步一步拼命向前。可能很长的一段时间里我的进步都会极为缓慢，向前两步后退一步的反复可能会经常出现——就算现在这种情况仍旧时有发生——但我始终不会停下脚步。在整个康复的过程中，最大的挑战其实是应对我变化不定的情绪和感受以及重新训练我的大脑。如今20年过去了，这些训练任务早已成为我潜意识的日常行为，但我仍旧保持着庆祝每次小小胜利的习惯，我的内心总是洋溢着许许多多自我庆贺的喜悦！

每天我都会制定一张任务列表，2020年新冠肺炎疫情防控期间我把这个叫作"快乐列表"，以此来提醒自己开心地执行每个任务。这样做的好处就是当我在应对卷土重来的挑战时我总能很快发现每日微小的成就。

这些微小的成就包括精力充沛地早起，散步一小时，学会新技能，厨艺受到夸赞，准时把孩子们送到学校或单位，实现为自己设定的小目标。

在下面列出你微小的成就吧，别忘了在旁边加一颗星，因为你就是一颗闪亮的星！

_____

_____

_____

不管生活向你扔出了怎样的难题，积攒这些微小的成就总能让你动力满满，让你相信自己可以顺利调整到 B 计划，也让你时刻充满自信心。

1. 找到一个空罐子。
2. 在上面贴上标签或便条。
3. 每次当你尝试新事物或是取得了微小的成绩，把它写在纸条上，然后存进这个罐子里。

当你做这些的时候，你要确保自己在庆祝进步的同时也要进行反思。或者你也可以这么做，拿一个笔记本或日志本用来专门记录自己微小的成就，哪怕是微不足道的成绩或进步也不要放过。当你感觉自己动力不足或是停滞不前的时候，你就把罐子里的纸条拿出来读一读或者打开那本日志本去读一读，重新寻回自己的心流状态。

你要重视每一次微小的成就，细心地将其记录下来并且真心为之庆贺，然后你的动力就会发生变化，这些微小的成就也终会变成巨大的成功。

快速反思

我有什么进步可以庆祝?

我最欣赏自己的地方是什么?

我最希望一年后的自己记住我现在……

找到耐心与希望

耐心与坚韧可以攻克一切。—— 拉尔夫·沃尔多·爱默生

耐心是一种美好的品德，同时也是一种难以掌握的技能。我不得不承认它是我见过的最难获取的技能，但同时也是我最想拥有的技能。耐心是你在等候最想要的结果时的镇静，又或是面对最不愿看到的结果时的从容。相反地，焦躁，没有耐心就常常导致沮丧，甚至引发一系列消极情绪。耐心可以帮你在关键时刻保持冷静，当事情没有按照你的意愿那样快速发展时你也依旧可以镇定自若。变得更有耐心着实是我在日常工作和生活中的一个巨大挑战，因为我总是希望事情能进展得快些，最好今天的事昨天就能完成。

培养耐心的小技巧

>> **留意到底是什么令你感觉很匆忙**——你脑中想做的事情
一旦多了就容易变成一团乱麻,所以你应该在一张纸上
或者手机备忘录上将所有的事情都写下来,方便厘清自
己的思路,也减轻大脑的负担。

>> **不妨让自己等一会儿**——你要小心"即可满足"的陷阱。
从长期看来期待常常令我们更感快乐,所以不妨等到周
末再去看你最喜欢的电视剧,这样你就可以真正地享受
其中而不是在晚上占用睡觉的时间匆忙浏览,不能尽兴。

>> **感觉不适也很正常**——你要习惯不适,因为成长和进化
就是会带来不适。不要总想着跑回自己的舒适区。

>> **不妨多做深呼吸**——把生活的节奏慢下来,利用堵车和
购物排队的机会来练习你的善意或进行深呼吸训练,因
为这样做可以有效缓解你的焦躁,让你紧绷的神经放松
下来。

目前正令我感到焦躁的事情:

_____

_____

_____

_____

耐心是你新的超能力。

146

希望就像太阳，当我们向它走去时，它就把我们负重
的影子抛到了我们的身后。

——塞缪尔·斯迈尔斯

早就选择了放弃，二者之间的差别如隔天地。所以不管身处何种境况，也无论心情、心境如何，你都应该牢牢记住要始终心存希望。正是希望让你能够在无尽的黑暗中发现光亮。作为一名人生指导员，我就像一座灯塔一般，向波涛汹涌、暗无天日的海面用力射出一道光，帮助我的客户们在狂风暴雨、惊涛巨浪中找到他们的路，引领着他们破浪前行直至他们不再需要我。而每当日子过得不顺的时候我也都会告诉自己：人生绝非坦途，无论何时都绝不要失去希望，因为明天总会如期而至。我总是这样告诫自己，因为若不这么做我一定浑身难受。也正因此，面对再大的困难我都能淡然处之，只是在心中希望明天会更好。可以说，没有希望就没有治愈可言。

当你经历变数时，不妨问问自己："要是这场变数之后人生反而变得更好了会怎样？要是我的下一份工作更好会如何？要是下一份感情会更好呢？要是我能从疾病中完全康复或者干脆就完全接纳它了又会如何？" 希望一直都在，不是吗？

当你感觉无望时一些温柔的提醒

>> 认识你的恐惧，你究竟害怕什么。

>> 对自己温柔些，友善些，要相信总有人在背后支持你。

>> 在生活中寻找正能量。

>> 去做你认为有意义的事情。

>> 去做一些有益的改变。

>> 你想收获什么就先给予什么。勇敢说"Yes"，敞开心扉，大胆接纳。

>> 如果感觉有必要，大胆寻求帮助和治疗。

>> 改变需要时间，不要幻想一蹴而就。

对你而言希望意味着什么？你心中有什么愿望？

_____

_____

_____

_____

永远不要失去希望。

设置小型活动时间表

为自己设定活动时间表可以帮助你的大脑重新运转起来，并且促使你重新建立目标。如果你目前还没有完全切换到 B 计划，没有准备好实现大型目标，那么现在就是你为自己设置小型活动时间表，也就是制定小型任务清单的最佳时刻。

我喜欢以不同的方式来设置活动时间表，其中第一种是按照季节来进行设置，这种方式让我有种随着季节流动的感觉，无论心理健康、情绪健康还是身体健康层面都感觉有了真正的支撑。其实如果你仔细感受，季节拥有影响你的能力，它能改变你的能量和思维角度。通过四季变换，大自然向我们揭示了一个真理：改变才是生命的客观规律，每一天改变都在悄然发生，从未停止。

季节的变换可以促使你做出动态的改变，适时调整自己的日常活动并因时制宜地设立新的目标。在不同的季节你所进行的锻炼活动、服用的补充剂都可能完全不同，甚至可能根据季节建立类型迥异的新体系。下面提供的是我的范例，来看看我是如何利用季节来制定计划的。

冬季

这个季节我通常用来进行内心的修炼，我会增加我的营养补充剂的摄入并且主要进行室内的锻炼活动，比如瑜伽。同时这段时间我也会更专注大型项目，因为在这个安静的季节我身边出现的干扰会比较少。尽管大部分时间都是待在室内，但我也并不会觉得错失了户外活动的乐趣。我会每天早起然后在冰天雪地中散散步，接着设定一天的目标然后开始行动。在冬季我会安下心来写写书，细心整理税务并检查家人的保险和家庭财政情况。不仅如此，我还会检查我的网站以及业务上的后端工作，为自己和家人制作更多滋养身心的食物。到了晚上，我喜欢点燃壁炉，和家人一同欣赏电影或者观看运动赛事，然后早早上床睡觉。

春季

春季是一年当中转折的季节。在春天，我会完成冬季开启的大型项目然后庆贺自己取得的成就。我开始变得身心轻快，慢慢恢复生机。我会进行一些深呼吸，会走出家门去感受湛蓝的天空，会仔细察看花园里的植物是如何发芽抽枝的。我试图让自己的生命变得丰富多彩，充满趣味，所以我不断尝试新鲜事物。并且我还会给自己一些奖赏，作为自己在冬季能够如此专注并做出许多成绩的犒劳。

夏季

夏季我会尽量减少外出的工作任务，不设定大型工作目标，因为我要真正地享受生活——去进行户外活动，去欣赏日落，去拜访好友，去锻炼身体。夏天是放松的最佳时节，也是我练习放手的最佳时刻。

秋季

秋季是我最喜欢的季节之一，我喜欢秋天绚丽多姿的色彩，轻盈飘落的树叶，也喜欢秋天凉爽宜人的天气。在这个季节，我通常是用来为大型目标奠定基础的，这样冬天我就可以直接开干了。对我来说，这是一个准备的季节。

请写下在接下来的季节中你的关注焦点，或者写下你想要实现的小目标也行。

这是一个全新的季节，也是一个最佳的时机，所以不妨勇敢些，大胆去尝试新鲜美好的事物吧！让四季来帮你制定自己的小目标吧！

冬季	春季	夏季	秋季

快速检查我的日志

上个月：

这个月的高光时刻是……

这个月我想要感觉……

要是下个月结束我……我会超级开心。

我想要改变的模式和习惯是……

这个月必须要做的是……

我会通过……来关爱自己。

设置 小型活动时间表

找到 耐心与希望

庆贺 每次小小的成就

第三阶段

转向与重启

第三阶段

转向与重启
转折点

重铸你的根基

重新定义你的价值观与目标

明确心中所求

转变你的态度

播种新希望

跳出舒适圈

训练你的大脑

设定边界

绘制你的地图

简化你的生活

书写新的愿景

设定全新目标

点燃激情火焰

选择为你喝彩的队友

勾画未来美好愿景

从现在开始改变自己

不要问世界需要什么，想想是什么使你生龙活虎、朝气蓬勃，大胆去做吧。世界需要的正是朝气蓬勃的人。

——霍华德·瑟曼

应对变数的第三阶段令人振奋。是时候振作精神、掌控生活、探索未来、开创新局面，树立新形象、重新出发。如果一切可以从头再来，你会选择从哪里入手呢？我知道，告别旧我，开始一份新工作，构建新的人脉圈、结识新朋友，绝非易事。需要挥挥手作别不快，原谅伤害我们的人，但我坚信你可以做到，我支持你。这是你改变自己的最好时机！

制定人生B计划不等于开启重置键、一切从头再来，也并不是要把记忆的硬盘格式化、忘记过去的一切。我们需要做的是重新确立人生的航向。这个过程中，我们要做到两点：勇于承认过去的问题；乐于接纳新观念、尝试新事物。

我会带领你重新踏上学习之旅，学习如何快乐生活、提升自己、自我关怀、追求本真。当你学习静坐冥想、进行深呼吸，关注自己内心的情感时，你会从中获得启迪。学习与往事和解，重新发现生活的意义，培养毅力、踔厉奋发。凡此种种，带领你开启人生B计划，助力你成为真正的自己。

让我们携起手来，转变观念、制定计划，全心全意开创美好的未来。我们一起努力，下定决心，将过去的劫难、损失和痛苦都变为人生的养分。你不再一蹶不振，你开始打牢根基、重塑自我。你将勇毅前行、告别舒适、重新出发，奔向更有意义的生活。让我们一起开始按下启动键，开启赋能之旅。

改变的核心在于我们愿意自我提升、树立成长思维、努力变成理想的模样。

4. 点燃激情火焰

选择为你喝彩的队友
勾画未来美好愿景
从现在开始改变自己

3. 绘制你的地图

简化你的生活
书写新的愿景
设定全新目标

2. 播种新希望

跳出舒适圈
训练你的大脑
设定边界

1. 重铸你的根基

重新定义你的价值观与目标
明确心中所求
转变你的态度

重铸你的根基

　　无论从头再来需要付出多少代价，多么令人恐惧，都要放手一搏。只要你愿意，你可以选择告别忧虑，轻装上阵。若把生活中的损失、变数、失败抑或挑战当成寻常事，你的生活会更充实。自我对话、阔步向前、积极行动，你能最大限度地减少恐惧、培养能力、提升自信。深思熟虑后，从容应对，无论挑战是小还是大，都可以帮助我们提升毅力。你投入了必要的时间，呵护身心健康，完成了自我疗愈，是时候相信和欣赏自己了，抓住每一个机会。我相信，你能告别内心的恐惧，代之以坚定的信心。

价值观如同指纹，没有人的指纹是完全相同的，但我们做过的每一件事上都会留下价值观的痕迹。

——埃尔维斯·普雷斯

重新定义你的价值观与目标

如果你读过我的《人生计划》一书，你就会知道，价值观对我来说至关重要。无论是职场还是其他方面，我都将价值观放在首位。价值观助力我们明确人生的目标，成为真正的自己。价值观是我们行为的出发点、情商的核心，也是我们决策时最重要的助手。

明确价值观是我与客户一起做的第一项练习。如果不了解自己心里想的是什么，不知道什么对自己来说是最重要的，我们便无法规划人生，更别说开创未来。我们的目标和使命感都植根于我们的价值观。价值观是我们人生的罗盘。我们的成长过程、教育经历、亲情友情、朋辈关系，这些经历或人际关系都会塑造我们的价值观。所以，让我们暂停片刻，思考自己的价值观，重新认识真正的自己。

家庭幸福	自我尊重	慷慨大方
高质陪伴、增进感情	提升认同、获得自豪	助人为乐、回馈社会
拥抱竞争	获得认可	获得智慧
挑战困难、赢得成功	心怀感恩、明确身份	发现知识、理解关联
结交朋友	自我提升	丰富心灵
建立联系、增进感情	获得提拔	坚定信仰
增进感情	注重健康	忠诚如一
关爱他人	身心康泰	奉献社会、诚实守信
合作共赢	承担责任	传承文化
通力合作	或成或败、坦然面对	尊重传统、稳固信仰
敢于冒险	提升声誉	内心和谐
迎接挑战	赢得认可	心态平和
成绩斐然	融入社会	井然有序
提升成就感	建立联系、确认归属	稳定如一、平安喜乐
获得财富	经济安全	守正创新
赚取财富、提升实力	收入稳定、实力雄厚	富有想象、敢于创新
提升能量	心情愉悦	诚实正直
活力满满、精力充沛	欢声笑语、生活闲适	诚实守信、态度坚定
获得自由	增进影响	自我发展
自力更生、独立自主	提升权威、影响他人	发挥潜能、提升自我

从上述列表中，选出三项你认为最重要的价值观写在下面，并阐明原因。为什么这三项是最重要的？它们对你有何意义？

我认为价值观中最重要的前三项内容如下：

1.＿＿＿＿＿＿＿＿＿＿＿＿＿＿＿＿＿＿＿＿＿＿＿＿

2.＿＿＿＿＿＿＿＿＿＿＿＿＿＿＿＿＿＿＿＿＿＿＿＿

3.＿＿＿＿＿＿＿＿＿＿＿＿＿＿＿＿＿＿＿＿＿＿＿＿

以下价值观是我每天努力的方向：

健康：健康包括心理、情感、身体和精神四个方面。健康是我最重要的价值观，是我的支柱。我每天所做的一切都是围绕这四个方面展开。

情感：为了成为最好的自己，向家人、朋友以及客户展现出自己最好的一面，我需要合理规划自己的日程，保证自己能量满满。

成就：富有成就感的日子总是令我幸福满满。为了保持这种幸福感，我坚持制定每日任务或者快乐清单。每完成一项，便划掉一项。或许与其他任务相比，自我疗愈任务显得微不足道，但要达到目标，绝非易事。自我疗愈对我的身心健康至关重要，也是我的职业生涯可持续发展的关键要素。所以，自我疗愈一直是我快乐清单的一部分。

采纳 B 计划的时候，价值观会为你奠定基础，使你方方面面的步调一致。在你面临挑战、需要做出决定时，价值观助力你厘清思绪、告别混沌、提升自信、明确方向。此时，务必问问自己："这样做与我的价值观一致吗？"

我每天都能邂逅自己的价值观，原因很简单：我把价值观贴在镜子上，记录在日记中，设置为电脑屏幕壁纸。疫情封控期间，我急需改变心态。我在便利贴上写上人生准则，贴在笔记本电脑上。我希望时时刻刻看到自己的人生准则，希望它们"出现在我的面前"，提醒我去关注生活中真正重要的事情。价值观指引我采取正确的行动，做出合宜的决定，激励我阔步前行，奠定我人生的基础。在过去的二十年里，尽管健康出现了一些小状况，我也经历了一些沟沟坎坎，但在人生准则的指引下，我的生活非常丰富。

价值观还能助力我们明确自己的人生目标以及追求目标的原因，人生目标是我们砥砺前行的动力。我之所以写这本书，是因为我想帮助每一个遭遇变故或者决定做出改变的人学会掌控生活，获得支持。大多数人都不喜欢人生中出现变故。面临变故，我们通常心生恐惧。我希望，借助这本书人们能摆脱恐惧，做到心无挂虑、活力满满、朝气蓬勃和平安喜乐。

这本书的写作与我的价值观相符，写作时我也不担心别人会如何评价这本书。我也曾对自己说，自己无法完成这本书的写作，现在我也不觉得写作很轻松，但是无论如何我已经踏上了写作之旅。在历经变故之后，我决定只要相信自己的直觉，写出自己在历经变数时内心的感受即可。我写作这本书，也是为了你，我的读者朋友。无论你现在身处人生的哪个阶段，借由这本书，我希望能与你进行一对一的交流，而不是假设自己面对一大群人，跟他们泛泛而谈。在写这本书时，我聚焦情感问题，就像我之前为他人做一对一辅导那样。

我写《人生B计划》也是为了我自己。像大多数人那样，我的A计划搁浅了。这本书中描述的每一个过程我都经历过，有的经历甚至持续一个月之久。我现在跟大家分享的是我是如何走出来的。只要有必要，我随时根据自己的健康状况、人际关系、工作任务以及周围的种种变化，调整计划，适应目前的生活。我们都有类似的经历。

思考以下问题会帮助你跟自己建立连接：

\>\> 什么使你开心快乐？

\>\> 你最喜欢把时间花在什么地方？

\>\> 如果你不用为钱发愁，你会如何安排时间？做什么事情让你感到轻松自如、毫不费劲？

\>\> 做什么事让你感觉朝气蓬勃？

\>\> 你理想的生活是什么样？

\>\> 你希望在世上留下什么？离开时，希望带走什么？

\>\> 你希望将什么馈赠给他人和这个世界？

问自己上述问题有助于找到自己的爱好、每天都朝目标迈进、重新点燃激情。把人生准则写下来，放在你每天都能看到的地方。它们就是你努力的方向。

接纳镜中的自己，细察镜像之变。

——佚名

明确心中所求

要知道自己真正想要什么，我们就必须倾听自己的心声、跟自己建立连接，回应我们内心的诉求。内心的诉求是一切问题的答案。

孩提时期，你站得离镜子有多近？观察三四岁的孩子，你会发现，他们总是站在镜子正前方，凝视着镜中的自己，开心地笑着，淘气地扮鬼脸，手舞足蹈，甚至会亲吻镜中的自己。他们这么做，是因为已经完全接纳了镜中的自己，那是他们最好的朋友。你最后一次凝视镜中的自己，把他／她看成你最好的朋友是什么时候？从你出生到死亡，这个好朋友都一直陪伴着你，不离不弃。你有多久没仔细看看这位镜中的挚友了呢？

学会爱自己是让生活充满快乐的前提条件。也许你已经听人说过很多次：心中有爱，方能爱人。所以请你走到镜子前，跟你最好的朋友建立联系。起初你可能不知所措、倍觉尴尬和愚蠢。此时，你要忽视所看到的皱纹抑或与年龄相称的外表上的其他瑕疵。多次练习后，你的内心世界会发生根本性的改变。你将与自己建立起更加深刻和有意义的联系。你发现自己不再情绪化，也不再慌张和恐惧。你开始倾听内在小孩的心声，找回成年时睿智的自己。仔细倾听，他们要你做些什么呢？

我每天都会这样做。听起来可能有点奇怪，但是跟镜中的自己和解、倾听内心的声音是一件很愉快的事情。内在的声音一直都在，跟内在的自我建立联系使我感觉好极了！这个方法是我的教练教给我的。那时我患上了重度慢性疲劳综合征，根本无法正常生活。我没有因为自己得了这个病而自怨自怜。我选择接纳自己的现状。这样我才能树立目标，继续前行。时至今日，我依然需要与慢性疲劳综合征和谐共处。基于此，我每日都与镜中的自己对话。

每天多照照镜子，学会自我关爱、自我呵护，停止自我批评。每天站在镜子前刷牙、洗手或洗脸时，友善而又坦诚地跟镜中的自己问个好，平视镜中的自己，跟自己说说话，就好像站在你面前的人是你的挚友一样。

年岁渐增也更为睿智的自己希望当下的自己做些什么呢？

1._____

2._____

3._____

看着镜中的自己，你会为自己镜中的美所折服。

——小野洋子

本是我的一个客户，他是一名奥运教练。他数年如一日，全身心投入到运动员的指导工作中。他指导的运动员在诸多国际赛事上摘取了桂冠，但从未能登上奥运会的领奖台。多年来，他们二人投入大量的时间和精力，刻苦钻研、积极备赛，但未能如愿捧回梦寐以求的奥运奖杯。本很失望，花了很长时间才接受令人沮丧的事实，从失望中走出来，接纳了凡事岂能尽如人意的道理。

　　就在同一年，那名运动员不幸去世，本的妻子也因产后抑郁，撒手人寰。本之所以能从丧妻之痛中走出来，是因为他把女儿看成妻子馈赠给他的礼物，将心中的一隅永远留给她，对他们曾经携手走过的日子心怀感恩。面对爱徒的突然离世，本选择把他们共同走过的岁月珍藏在心间。无论是成功的喜悦抑或失败的悲伤，他都铭记在心。此外，他努力向这位运动员看齐，吸收他的性格优势。他由此告别了失去运动员的悲伤。他之所以能自我疗愈，是因为他采用了照镜子疗法，告别过去的日子，开启人生新的篇章。他平视镜中的自己，发现镜中的自己拥有无限可能。他对过去的自己说："事已至此，你必须向前看，制定新的计划。"自那以后，他更加爱护自己，每天晚上都会写日记，把手机放在卧室外，睡前不再刷手机，恢复了阅读习惯。本将自己的人生准则收入书中，作为人生指南。他坚持每天写下自己的感想，记录他和女儿的日常以及自己的新目标。日复一日，他对自己的认识更加清晰，整个人焕发出了全新的活力。他看到了自己未来的多种可能。

跟自己做好朋友，倾听自己智慧的声音。对自己说："假如自己80岁，会做些什么呢？放慢脚步，尽力而为，待人友善，勇毅前行。你能做到的。现在正是时候，你能行的。开心一点，好吗？"

让我们扪心自问，什么是我真正需要的？我常一连两次问客户这个问题。前后两次得到的答案总不相同。先说出自己内心的想法，然后再问。第二次提问更为深入："我到底在追求什么？"

每天问自己两个至关重要的问题："我真正想要的是什么？""我当下需要改变什么？"

　　我真正想要的是什么？

_____

_____

_____

_____

_____

　　我当下需要改变什么？

_____

_____

_____

_____

_____

决定人生高度的，是态度而非能力。

——齐格·齐格勒

转变你的态度

态度决定高度。对自己以及未来前景的认识将决定你在多大程度取得成功。

积极的人生态度使你更加幸福快乐。态度就是原动力，要么催你奋进，要么使你退步。我敢肯定，你一定遇到过悲观消极的人。跟这样的人在一起，你感觉如何？你受到鼓舞了吗？大概率是没有。所以我想问问你，你对待人生的态度是怎样的呢？你能给他人带来什么？我希望你保持乐观。情况会不会好起来呢？你也许能做到呢？如果你结交新朋友，尝试新事物，情形会怎样呢？当你正能量满满，与悲观消极的人相比，你将更加快乐，富有朝气，取得更大的成就。

我得改变对健康问题的态度，将生病看成人生的馈赠，而非拖累。我曾不得不多次调整生活方式，适应新局面。周密的计划宣告失败时，一切面目全非，计划也不得不随之改变。此时，你可以做出选择，不因此而消沉。

接纳自己，充满自信。想象自己处于最佳状态，想想自己那时会是什么样，会怎样走路、说话和做事。向过去的自己发起挑战。过去你常自我批评，取悦他人，力求完美。而今你要努力成为一个敢于挑战困难的人，做一个勇敢的战士，心怀梦想，以另一个视角，讲述自己的人生故事。

生活百分之十取决于你身上发生了什么，而百分之九十取决于你怎么看。

——查尔斯·斯温多尔

以下方法可以帮助你改变人生态度：

>> 相信自己可以改变
>> 心态积极，开启每一天
>> 心怀感恩
>> 向正能量榜样学习
>> 将任务清单看作快乐清单
>> 善于发现他人优点
>> 不再怨天尤人
>> 理智选择同伴，多与充满正能量的人相处
>> 积极采取行动，对于结果则随遇而安
>> 停止自己质疑，代之以自我鼓励
>> 善于从生活中的小事中寻找快乐
>> 允许自己接纳他人的关爱
>> 想想生活态度的转变在哪些方面会使你受益

我可以从以下三个方面入手改变人生态度：

1._____

2._____

3._____

　　请记住，心态就像降落伞。降落伞只有开启后，才能更好地保护跳伞的人。每天都对自己说一声"我可以"，终有一天你会得到生活的嘉奖。你完全能够改变。

转变你的态度

明确
心中所求

重新定义
你的价值观与目标

每天做一件自己害怕做的事。

——玛丽·施米奇

播种新希望

跳出舒适圈

是时候走出舒适区了。舒适区的确让人心旷神怡，但要知道在舒适区我们不会成长。因此，学会从不适中找到舒适自在的感觉。我把这句话写在纸上，贴在镜子前。努力戒掉坏习惯。如确保一周有五天不喝酒，这会让很多人不舒服。就像我们开始学习一项新技能时，也会感觉不适。2020 年伊始，我们不得不学习使用诸多会议软件，如 Zoom、Webex 以及 Microsoft Teams。起初学习这些软件难度大，让我们很有压力，现在我们能很轻松自如地使用这些软件。如果我们不再一味等待、被动接受，而是主动抓住成长的机遇，大胆尝试新事物，情况会怎样呢？

当缺乏灵感或者肢体不够灵活时，我会强迫自己动一动。出去走走，看看大千世界的人。挑战自己，与恐惧共舞，看看跨越恐惧后，会发生什么。步伐稳健，而非一味冒进。慢慢成长，稳步提升。就像鼓励好朋友一样，鼓励自己。

正如名言所说，船只天生不应停留在海港。我们来到世间，也不应整日闲坐，无所事事。我们当驾着人生之舟，到波澜壮阔的大海去航行。不断突破自己，释放潜力，走出舒适区，发现自己擅长的领域。舒适区只是我们快速成长时小憩的港湾，而非久留之地，否则我们便会停滞不前。作为一名教练，我要做的就是手把手带领你走出舒适区。我们会成功的。请记住，勇气会相互感染！

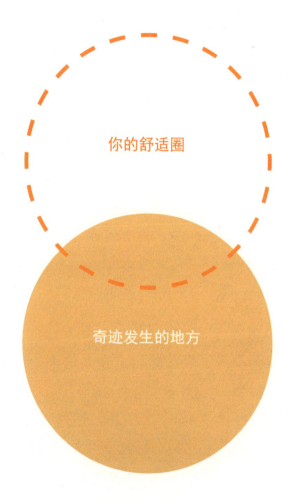

你的舒适圈

奇迹发生的地方

你可以从以下小事做起。虽是小事，却非常有效：

>> 打破常规，改走另一条路回家。

>> 迈出第一步。要知道去健身房锻炼的第一天总是最痛苦的。

>> 多鼓励自己，即使你还没有完全准备好。

>> 置身新环境，例如去位于另一个郊区的一家新开的餐馆品尝美食。

>> 停止拖延。立刻做决定并采取行动！敢于提问，大胆发问，看看会发生什么。

>> 远离与自己的价值观或与积极心态相左的人。

>> 理智看待恐惧。在确保安全的前提下，试着去克服恐惧心理。

>> 去做些令你害怕的事情。告诉自己，你很勇敢。不要什么事都自己掌控，适当允许别人带领自己前行。

>> 问一些别人不喜欢问的问题。忠于自己真实的想法，说出自己的心声，而不是为了使自己的面子好看。

>> 让改变看得见。如练习挺拔的站姿，使自己看上去能量满满，就像电影里的奇女子或超人一样。

>> 养成尝试新事物的习惯。如果尝试新事物让你感觉良好，请继续保持。你会感觉棒棒哒。

>> 回顾自己最大的成就，想想当时自己是如何迈出第一步的。

>> 将成长的目标列出来。比如，练习公众演讲，敢于挑战自己。

>> 请记住，明天将是崭新的一天。也许情形会比你想象的好。不要力求完美。

挑战自己，做以下事情：

1._____

_____

2._____

_____

3._____

_____

4._____

_____

你可以做到的。如果你感觉不适，请学会与这种感觉共处。这意味着你正在成长和进步。你也许并非百分百自信，努力学习做到自信吧。奇迹发生在舒适区以外的地方。如果失败了，及时止损，从头再来。

训练你的大脑

无论我们潜意识里树立了什么目标，只要我们坚持不懈，满怀热情地去努力，这个目标终将实现。

——厄尔·南丁格尔

感受源自观念。面对装了半杯水的杯子，乐观的人会说这个杯子一半已经装满，悲观的人会说这个杯子一半是空的。无论我们天生是哪一种人，只要我们明确自己的需求，确认采取了正确的方法，我们的心理健康和幸福感都可以得到提升。

我不断训练自己的思维。人的思维就像电脑。我知道，早上如果没有开启正确的程序，病毒就会入侵，电脑就会停止运转。所以我不断对自己说："我很坚强，足够安全，身体健康。我能行。我不惧变化，什么都能承受。一直以来，我都在给予他人关爱，而没有学会接受别人的关爱。以前无论别人是赞美我，抑或是为我庆祝生日，或是为我的事情费任何心思，我都觉得很别扭。后来我意识到我需要训练自己的思维，让自己的心态变得更加开放，学会欣赏，用心感受，学会接受他人的关爱。一个朋友曾对我说："不要这么自私。准备生日宴会。我们都希望为你庆祝生日，不要把我们拒之于门外，剥夺我们为你庆贺的快乐。"

时至今日，我仍在努力学会接受他人的关爱。通过自我肯定，我现在的心态比以前开放了许多。学会接受他人的关爱是我毕生努力的功课。

每个人信奉的准则都不一样。准则体现了你认可的信念。不断重复这些准则有助于你形成新的思维方式。运动员擅长这种思维方式。他们去参加比赛时，不是抱着必输无疑的心态，相反，他们不断向身体各个部位发送信号，告诉它们："我能行！""我必胜！"训练思维就像去思维健身房。神经科学证明，神经通路"锻炼"得越多，就会越畅通。

艾拉是一家知名律师事务所的合伙人。为了员工的身心健康，她想要引入一套更全面的心理健康关怀方案。在新旧方案过渡期间，我们共同努力，希望这套新方案能够"使每一个人都心情愉悦、轻松自如"。我希望在这套方案的带领下，艾拉能学会享受这个过程，不要因为困难重重而灰心丧气，而要勇于面对，积极解决。她把我带到公司，与员工见面交流。随后，以"心理健康和幸福生活的策略"为主题，我组织了多场在线训练课，并邀请艾拉作为嘉宾出席，向大家介绍她的变化。艾拉给我打电话说："我愿意跟大家分享，但我担心做得不好，表述不够清晰。现在每天工作都很忙，我担心准备不够充分。"我听后，立马引导她想想自己的价值观，然后开始自我肯定，"我可以""我对这套方案了解够多""这会是一次很愉悦的经历""说不定整个过程都很轻松自如呢！"。对于艾拉而言，

188

她只需训练大脑，学会新的思路。克服内心的恐惧，便会迎来成功。

我想你肯定听过"境由心造"，所以不妨花点时间思考一下自己的想法。你在想些什么？是失败还是成功？你每天是在自我毁灭还是自我关爱？我们刚才一直讨论的"自我肯定"，都是我们经常重复的褒义词。虽然我们不能仅仅依靠只言片语就实现目标，感受成功的快乐，但我们可以将这些思想程序化，采取实际行动，实现目标与梦想。这些自我肯定将会为我们的新计划奠定坚实的基础，方法虽简单，却是我们进行系统性改变的良策。

养成积极思维的习惯，训练自己的大脑，接受自我肯定：

1. 自我肯定要引起自己内心的共鸣。

2. 采用现在时来进行自我肯定。不是"我希望自己快乐"，而是"我现在很快乐"。

3. 不断自我肯定。我每天都在日记中自我肯定。

下面是自我肯定的范例：你可以将自我肯定的话语写在日记中，也可以把肯定的话贴在镜子上，或设为手机屏保。

>> 我有价值，我为人坦率，拥有需要的一切。

>> 今天我感觉轻松自在。

>> 我爱自己，接纳最真实的自己。

>> 我现在生活得非常充实。

>> 我很勇敢，坚定地支持自己。

>> 今天我将改掉旧习惯，养成更积极的习惯。

>> 我会遇见理想的人生伴侣。

>> 我浑身散发着快乐与善良的光芒。

>> 这些终将成为过去。

>> 我愿意走出舒适区，告别恐惧。

>> 我每天都在与病魔抗争。

>> 我与外界和平共处。

>> 我的人生才刚刚开始。

你可以根据自己的需求和愿望来构思自我肯定的话语。这些自我肯定会为你带来动力，助你走出舒适区。把自我肯定的话写下来，满怀信心地念出来，将它们变为现实。

以下是今天我最喜欢的两句自我肯定的话：

1._____

_____

_____

2._____

_____

_____

　　每天都以书面的形式进行自我肯定，学习自我肯定，记住这些肯定的话。然后，你就会发现，你可以开始采取行动，进行自我肯定了。

我有创造自己想要的生活的自由和能力。

设定边界

边界对于我来说不是可有可无的。失去边界，我会倦怠和崩溃。这意味着我有时要对自己、别人或者一些活动说不。设定边界是我们心理健康和生活幸福不可或缺的一部分。一旦失去边界，你会发现，你的人际关系将变得糟糕，你也变得容易生气、怨天尤人，感觉压力爆表、经济负担加重、时间被浪费，整个人疲惫不堪，充满倦怠感。边界分为生理层面和情绪层面，可灵活或者一成不变。对我们最有帮助的界限宜介于灵活性和一成不变之间。

我经常帮助人们设定工作与生活的边界，保证他们有时间享受更高品质的生活。他们与朋友和家人的联系更加紧密，而友情和亲情使他们更快乐，在工作中取得更大的成就，职业发展更具有可持续性。

多年前我辅导过一个客户叫艾米莉。她以前无论与谁在一起，从不设定边界。无论何时接到工作任务或者帮忙的请求，她都有求必应。她是典型的讨好型人格，全然不顾惜自己或者考虑自己是否有时间。这使她筋疲力尽，充满怨愤，觉得自己毫无价值。如果她偶尔说"不"，会怎么样呢？如果她允许自己接受他人的关爱而不仅仅是给予，情况是否会有所不同？后来，她重新找到了平衡，生活出现了转机。她开始重视自己。离婚后，她告别了消沉，为自己设定了边界。我很高兴，现在的她学会了接受他人的关爱。现任丈夫非常帅气，生活美满幸福，她的身体素质也从没有像现在这样好过。

设定边界是为了保护我们。你培育的草坪原本绿草如茵，但你任由行人践踏或者车辆驶入，草坪也就不复存在，失去了存在的价值。所以，请设定边界，确保自己的精力、时间、情绪、梦想、财务以及自尊不受影响。

如何设定界限？

1. **定义界限**：即确定自己期望的边界。

2. **与他人沟通**：表达自己的诉求。

3. **化繁为简**：不做过多解释，只说明界限的重要性。

4. **明确责任**：如若越界，无论是自己还是别人，责任自负。

最好的界限是以你的核心价值观为基础。你可以围绕以下方面，设立合适的边界，助力你更自信，获得他人的支持。

>> 关于饮食：拒绝饮酒。如果咖啡影响睡眠，做到午后不再喝咖啡。少摄入精制糖。

>> 关于睡眠：除非有正式活动，每天晚上10点前上床睡觉，这样第二天早上才能6点起床。

>> 关于财务：将自己的经济需求放在第一位，其次再考虑他人。设定支出上限，确保自己有积蓄。

>> 关于科技：晚上9点之后，不再碰电子产品，不把手机带入卧室。

>> 关于工作：设定休息时间。我们是人，需要休息。

>> 关于亲朋好友：要么直截了当地拒绝，要么告诉他们你只能抽出一个小时。

>> 关于配偶：明确表达自己的期望。

在以下方面我需要进一步努力，明确界限：

_____

_____

_____

_____

你需要保护自己，使自己精力充沛，心情不受影响。这样你才能光彩夺目。

敢于设立边界，哪怕冒着让人失望的风险，也要敢于爱自己。

——— 布勒内·布朗

设定 边界

训练
你的大脑

跳出 舒适圈

绘制你的地图

无论你自己还是你周遭的环境抑或外界发生了什么变化，什么时候开始制定人生 B 计划都不晚。人生 B 计划的魅力就在于你总是可以从头再来。

知道自己在朝什么目标迈进，明确前行的方向，一步一个脚印，稳步向前。

可能会给你带来启迪的话语：

>> 保持平和的心态
>> 结识新朋友
>> 建立亲密关系
>> 享受闲暇时光
>> 创造旅行的自由
>> 每天坚持运动
>> 饮食健康
>> 确保独处空间，独立自主
>> 保持充沛的精力，自信满满
>> 探索未知领域

简化你的生活

我建议你尽快断舍离。如此，你的生活才能容纳新机遇。生活简朴、化繁为简，方为精致。

问自己以下两个至关重要的问题：
这是我需要的吗？
这是我想要的吗？（换句话说，这是我必需的吗？）

我常常问自己这两个问题。这么做帮助我远离社交网络攀比之风的裹挟。我定期打扫房子，简化生活方式。这不是说我自己想要的东西也不买。我想说的是在购买之前我会想想购物能否给我带来满足感。我有意识地避免购买一些不必要的小物件，它们往往只能给我带来一瞬的快感，最终只会堆积在家，增加生活的负担。我不时思考"杂物窒息"这个词，也常问自己："这真是我想要的吗？" 这意味着我可以把可供支配的收入花在那些让我精神为之一振的事情上，如与家人一起旅行、探索新地方。比起购物，我更愿意把钱花在有助于自己获得人生经历的地方。

我定期盘点自己的财务状况、梳理人际关系和朋友圈、审视自己的生活习惯、了解健康状况，确认自己是否幸福快乐。我尽力维持简单而高效的生活。现在，我觉得树立简朴的生活态度是一种强大的能力。这种能力能帮助我们缓解很多不必要的压力，远离繁文缛节。

艾拉是位律师，我之前提到过她。相识之初，她不堪重负。那时，她刚刚成为律师事务所的合伙人。我说："我们一起来简化生活。"我感觉她的压力之阀打开了，压力得以释放。我们从小处着手，一步步清理健康杀手，解放思想，清理家里的杂物、简化生活方式。

在我的《人生计划》一书中，我将可能使生活变得烦琐的方方面面列在图表或清单里。下面是一些入门级的快速解决方案。

>> 每天设立三个主要目标，全力以赴实现这些目标。

>> 清理房间杂物时，一间一间地来。每清理一间，就做彻底。

>> 捐掉没用的旧书，为新书腾出空间。

>> 至少提前几周计划日程安排，将锻炼身体以及自我呵护等健康支柱活动纳入日程安排（见第 108 页）。

>> 预先准备好工作日的一日三餐和零食。

>> 每天晚上上床睡觉前，写日记，卸下心中的烦恼。

无论你是在做自己的事，抑或是为家人、朋友或者同事办事；无论你是在处理工作中的事情还是自己的财务问题，都要问问自己："有没有更简单的处理方式？"

列出目前生活中自己需要精简的事项：

1._____

_____

2._____

_____

3._____

_____

4._____

_____

书写新的愿景

千里之行，始于愿景

有些人认为B计划是全新的计划或者方法。正如这本书所说，对于初次尝试这种方法的人而言，B计划更像是一个支点。这个支点要求我们勾勒全新的地图，抑或调整自己的构想。匀出时间，明确自己当下所在的位置，又将去向何方。只有这样我们才能规划前行的道路。无论是拟定新的路径或者调整路线，都需要我们有清晰的构想和明确的目的地。

因此，轻装上阵，勇毅前行，着眼大局，远离琐屑，专心致志，关注成功，满怀激情，实施计划，不必为结果忧虑。

彭妮是我的一个客户，丈夫因雷击丧生。她和丈夫都是农民。在丈夫还未去世时，他们俩常常讨论B计划：如果其中一个发生意外，另一个应该怎么做。当然，他们从未预想过意外真的会降临在他们身上。彭妮跟我说，因为他们曾经讨论过B计划，所以在面临变故、最担心的事情发生时，她略感欣慰。她知道自己有应对的计划，还可以依他们共同制定的计划行事。

我们对未来的构想就像航线图。也许在某些节点，我们不得不偏离规划好的航线，但航行目的地我们始终是明确的。

我一直在调整计划，适应新情况，但是计划的核心不变，这种感觉棒极了！

不要回首来时路，我们也不会再走回头路。

——玛丽·恩格尔布雷特

可以从这些问题入手，开始思考：

>> 三年或五年后，你多大年龄？

>> 你的价值观是怎样的？

>> 对你来说，什么是最重要的？

>> 谁激励你奋发向上？因为什么，你受到了激励？

>> 你以谁为榜样和导师？

>> 你希望有什么样的生活经历？

>> 对你来说，经济安全意味着什么？

>> 你希望自己身体素质好到什么程度、身体有多强壮、肢体有多灵活？

>> 你想培养哪些爱好？

>> 你想去哪里旅行？

>> 什么事能让你发出会心的微笑或者带给你纯粹的快乐？

>> 你需要得到谁的同意，才能开始承担责任？你希望自己现在做什么样的工作？

>> 为了确保心理健康和情感健康，你需要做些什么？谁让你快乐？

>> 你想学习什么？

>> 你热爱什么项目？

>> 你想住哪？

>> 你希望自己的未来是什么样？

你拟定的构想既要能给你带来灵感与激情，又要让你心生敬畏。不要害怕走自己从未走过的路，做自己从未做过的事。如此，你才能拥有自己从未有过的东西，成为不一样的自己。整理思绪，然后坐下来，看看你的计划，看看它能给你带来什么灵感！

我的价值观如下：

＿＿＿＿＿＿＿＿＿＿＿＿＿＿＿＿＿＿＿＿＿＿＿＿＿＿＿＿＿＿＿＿＿

＿＿＿＿＿＿＿＿＿＿＿＿＿＿＿＿＿＿＿＿＿＿＿＿＿＿＿＿＿＿＿＿＿

＿＿＿＿＿＿＿＿＿＿＿＿＿＿＿＿＿＿＿＿＿＿＿＿＿＿＿＿＿＿＿＿＿

＿＿＿＿＿＿＿＿＿＿＿＿＿＿＿＿＿＿＿＿＿＿＿＿＿＿＿＿＿＿＿＿＿

＿＿＿＿＿＿＿＿＿＿＿＿＿＿＿＿＿＿＿＿＿＿＿＿＿＿＿＿＿＿＿＿＿

我的构想如下：

＿＿＿＿＿＿＿＿＿＿＿＿＿＿＿＿＿＿＿＿＿＿＿＿＿＿＿＿＿＿＿＿＿

＿＿＿＿＿＿＿＿＿＿＿＿＿＿＿＿＿＿＿＿＿＿＿＿＿＿＿＿＿＿＿＿＿

＿＿＿＿＿＿＿＿＿＿＿＿＿＿＿＿＿＿＿＿＿＿＿＿＿＿＿＿＿＿＿＿＿

＿＿＿＿＿＿＿＿＿＿＿＿＿＿＿＿＿＿＿＿＿＿＿＿＿＿＿＿＿＿＿＿＿

＿＿＿＿＿＿＿＿＿＿＿＿＿＿＿＿＿＿＿＿＿＿＿＿＿＿＿＿＿＿＿＿＿

	一年后我的岁数	三年后我的岁数	五年后我的岁数	今天我可以做些什么
个人篇				
家人篇				
住房篇				
财务篇				
朋友/社会关系篇				
职业发展篇				
兴趣爱好篇				
心愿清单				

愿景板的力量

我喜欢愿景板，我准备了好几个愿景板。每隔三年，我就重做一次。我从愿景板收获了很多快乐。尽管不是所有目标都实现了，但愿景板激励着我，让我成为更好的自己，做出更好的选择！愿景板上我最喜欢的照片来自希腊的番茄种植户。他上了年纪，满脸皱纹，牙都掉光了，却笑得很灿烂。他让我明白我们不要总是不苟言笑，要乐观，在生活中找到快乐，不要在生活的惊涛骇浪中丧失快乐的能力。

1. 愿景板激发能量

你的精力会集中在自己关注的东西上。你在愿景板上贴的图片、文字、名人名言、自我肯定的话语和目标能激发兴趣和能量，助你专心致志地实现梦想。

2. 愿景板激发灵感

你添加到愿景板上的每一项内容必须能激发你内在的热爱，是你真正喜欢的。如果你愿意付诸实践，这份热爱就能变为现实。这样一来，愿景板便有着非凡的意义，它不仅仅是装饰，还能激发前进的动力。

3. 愿景板激发动力

设想未来是最受欢迎、有效和激励人心的思维训练之一。

如前所述，几十年来，奥林匹克运动员们一直在进行这种思维训练。他们每天想象自己获得成功的画面，从而提升运动成绩、保持充沛的精力和良好的状态。

去做个愿景板吧！激发自己前进的动力，为做决定的时候提供参考。无论是做什么事、完成何种任务、与谁沟通或者互动，买什么东西抑或是做什么决定，都要以自己的梦想为基础，尽力实现梦想。

你还可以这么做：穿越到未来，记下你一天当中的活动。在构想未来的时候，要假设未来已来。

树立目标是把无形的愿景化为有形的现实的第一步。

—— 托尼·罗宾斯

设定全新目标

树立新目标为实现愿景奠定基础。把计划分解成小目标，让计划变得简单易行，你也会动力十足，信心满满。每个小目标都会让你朝着愿景更进一步。树立一些几乎难以完成的目标，激励自己励精图治。另一点建议是，将自己拖延至今尚未完成的两项目标加进来，比如开始新的健身计划、报税或去看牙医。顺利完成这些任务能激发前进的动力。

坦白地说，我对目标有些痴迷。我喜欢有目标，目标让我干劲十足。我树立许多小目标，如每日一个目标等，有目标让我觉得自己在朝着正确的方向前进。我的目标通常是做完一些事，进行有创意的工作或者完成更多工作任务；但有时我只是静静地坐着，关掉手机，在安静的环境里厘清思绪。有时，我最大的目标是做一些能够滋养灵魂、养精蓄锐的事，比如拥抱我的狗雷克斯或花一些时间陪它玩。我发现这样做的确有益于我的身心健康。

2020年3月，新冠病毒开始在全球蔓延。一周之内，我的演讲业务陷入瘫痪，我不得不取消接下来一年内的所有会议以及旅行计划。为了使自己在面对突发事件时不至于忐忑不安，在令人不知所措的巨大变局中不再恐惧，我没有给自己压力，而是坦然接受现实。这样做让我找回了生活的基本准则即价值观，重新与镜中的自己建立联系。我迅速转移了注意力,设定新目标,专注于完成自己力所能及的事情,而不是在无能为力的事情上浪费精力。

我的新目标简单而高效

自我呵护的目标:不沉浸在消极情绪中。疫情初期,情绪常大起大落。有时彻底崩溃、焦虑不安,有时开心不已、欢呼雀跃,有时悲不自禁、害怕不已。每天早上,我都要对着镜子,设立当天的目标,肯定自己。我不得不重新养成健康的生活习惯,树立每日的目标,比如运动一小时、吃未经深加工的食物以及每天喝一升水。每天至少冥想十五分钟,厘清思绪、平复心情,定时睡觉,晚上十点上床,早上六点起来。对家人、朋友和客户心怀感恩,尽可能帮助他们。有了这些根本性目标,我可以设定一些细分的目标,把这些小目标写在桌面的便利贴上。我打扫房子,每个橱柜我都整理得干干净净。我处理了税务和财务问题,还约见了一位理财规划师,和他一起制定了理财规划。由于所有外出度假的计划都已取消,我们还决定对房子进行部分翻新。

职业目标:我不得不尝试重新接纳自我,再次适应独自工作的模式。我离开了和林德尔·米切尔合办的公司"极简主义者",我非常难过。有时,一坐下,想起至少在接下来的两年时间内,

212

我们再也不能从事这份充满成就感的工作，我就伤心不已、悲不自禁。我开始全职做线上心理咨询。我掌握了电脑操作技术，能通过在线会议和视频直播为客户服务。对着手提电脑的摄像头进行展示和与五百个观众面对面完全不同，我做了种种努力，才适应这种工作方式。在这种服务于客户的过程中，我从不适应到适应，我经历了好几个阶段，我把自己的心路历程记录了下来。我衷心地感谢每一个客户。我设定了一些小目标，其中一个是技能互助而非用技术换报酬。所以，我培训了一位平面设计师，作为交换，他更新了我所有的工作表、小册子和演示幻灯片。另一个我培训过的人给我的网站创建了资料免费下载区。很快，我的事业柳暗花明，我为个人和企业做培训，进行直播讲座，我从中找到了快乐。我迎来了新机遇，通过新方法跟大家分享我的技能！

我的目标简单明了。目标指引我前行的方向，激励我勇往直前，使我充满成就感。封控期间，我住在墨尔本。这期间，我做到了正能量满满，关键在于树立了目标。我还聘请了一位大师级的人生教练，他激励我前行，在这个过程中与我并肩作战。每当我在重新找回自信的征途中获得小小的胜利，教练会与我一起庆祝。我很快变得斗志昂扬，开始享受独自工作、乐于挑战自我，重新爱上了自己开拓的事业。

我树立的健康目标帮了我的忙。每天早上我在沙滩上散步一小时，这使我精力充沛。每隔几天，我会约上不同的朋友去沙滩漫步，联络感情，交流思想，相互支持。封控的第八周后，我的生活和事业开始蒸蒸日上，这在封控初期是令人难以置信的。我不再外出旅行，不再举办聚会或者晚宴，也不再参加社交活动，生活变得十分简单。工作和生活界限分明。我明白，生活是上苍赐予我的礼物。我每天都自问："今天上苍恩赐了我什么？我今天的目标是什么？"这些问题给了我力量，使我目标明确。

我如果没有实现这些目标，会有什么后果？

一些可以考虑实现的目标：

>> 更新相亲网站的自我简介；

>> 申请梦寐以求的工作；

>> 周末带孩子去露营；

>> 攒钱将房子进行小规模的翻修；

>> 举办家庭聚会；

>> 改善与婆婆的关系，为婚姻增添乐趣；

>> 清理家里的杂物、旧衣服和没用的东西。

每天早上写下当天的目标，并把它贴在能看到的地方，这样你就有了努力的方向。当你朝着愿景迈进时，它也在向你靠近。如果每天都这样做，愿景就会每天离你越来越近。

至关重要的建议：将激励你的话语展示出来。把激励你的名言或照片挂起来，或将手机设置好，每天给自己发一条积极的提示信息。将能激励你的文字或图像设置为屏保或墙纸。这些文字或者图片可以在 www.shannahkennedy.com 网站上免费下载，写下自我激励的话语，提醒自己要敢于冒险、每天尝试新事物。坚持每天查看愿景板。你要做的就是提醒自己，每天都要学习一些新思维或新做法，这样你就能及时调整计划，做到自信满满。

设定 全新目标

书写
新的愿景

简化 你的生活

点燃激情火焰

现在，你已经与那个强大的自己建立连接。你知道自己内心深处的渴望，你乐观积极、有作为行动指南的价值观，能够脚踏实地、专心致志地实现梦想。你对未来有清晰的构想，有宏大的目标，面临一些小挑战。你界限分明，能够保护自己不被打扰，你拥有足够多的自由。你对未来的构想指引你前行的方向。所以，此刻你当点燃激情，大展宏图。

选择为你喝彩的队友

结交那些让你快乐也希望你快乐和成功的朋友。这些朋友能让你开怀大笑，在你需要时帮助你，真正关心你。这些才是值得你结交的人，而其他所有人只不过是过客。你不需要与那些给你的逐梦热情泼冷水或消耗你能量的人往来。

设计师汤姆·福特说："选择团队成员要谨慎。你的成功在很大程度上要归功于身边的人，如朋友、家人以及同事。他们激励你、支持你，给予你安定感。他们都是至关重要的人。"

这些人是你梦想的守护者，助力你攀登到意想不到的高度。提升自信心的最佳方式之一就是选择正确的人，获得他们的支持。

因此，每当我渴望成长、想要成就一番事业，抑或是需要支持、需要承担责任的时候，我都会寻求教练或者培训师的帮助。获得培训师的帮助是我所做的最好投资。是的，身为教练，我也需要其他培训师或者教练的帮助。如果你看过网飞的纪录片《最后一舞》，你就会知道，要不是有教练菲尔·杰克逊的支持，作为有史以来最伟大的篮球运动员，迈克尔·乔丹可能不会多年如一日，在芝加哥公牛队效力。

我们都向往过上心满意足、目标明确和有意义的生活。因此，去结识那些能帮助你、激励你成长或给你正能量的人。近朱者赤，近墨者黑。请快速盘点你的团队成员，与你相处的人要友爱善良、富有激情、有同情心、才华横溢、活力四射和乐于奉献。

我的家人和挚友都知道，由于身体原因，我和他们相处的时间常常是有限的，但他们从不因此说三道四。在我崩溃或出现抑郁倾向时，总能得到他们的支持。他们支持我为实现自己的目标而努力，给予我鼓励和关心，让我勇敢地做我自己。当我需要的时候，我会寻求教练的帮助，他或她可能是一位自然疗法方面的专家，也可能是一位财务规划师，抑或是一位会计师。我有不同类型的朋友，有的来自一起健身的人，有的是工作中的同事，有的来自读书俱乐部，有的是求学时期的同学。每个群体的人数不多，但他们促使我进步，给予我鼓励和信任，在我受挫时，陪伴我。有这样的好朋友，我觉得自己无比幸福。一直以来，我也在努力关心他们，就如他们关心我一样。

独行者速，众行者远。

—— 非洲谚语

如果你把自己看成团队的成员，你会怎么做？没有一个运动员是孤军奋战的，那你为什么不与人合作呢？你可以让别人参与你的旅程，在这个过程中，你要对队友负责，也可以向他人学习。你会选择哪些人成为你的队友？

选择合适的人作为你的队友，和这些人分享你新制定的计划、新征程上的所见所闻，这样他们才能给予你鼓励。无论你在前进道路中遇到什么阻碍，这些人都会温和地鼓励你奋勇向前。无论你的目标多么疯狂，他们都会支持你。那么，你会选择哪些人成为队友？在你的人生旅途中，你会选择哪三到五个人，与你同行？把他们的名字写在下面：

1. _____

2. _____

3. _____

4. _____

5. _____

在你所认识的人里，有谁做到了心想事成？在日记中列出十到二十个你想结识的人，他们将是你未来的同伴。这些人和你站在同一个起跑线上，他们虽然经验不足，但都有雄心壮志。人与人天生没有什么不同。

仔细想想，谁让你能量满满，而谁又在消耗你的能量。你也可以加入当地的团体，结识志同道合的人。

勾画未来美好愿景

想到就能做到。 ——佚名

展望未来，相信自己，实现目标。无论是作为运动员还是生活规划师，我都曾经和一些杰出的人共事。这些人中，有教练、运动员、生意人或首席执行官。能肯定的是，我们所有人都不得不接受计划、适应新计划或是改变计划。有些人敢于展望未来，在情绪上与未来建立连接，坚信有朝一日总能梦想成真，这样的人往往能够如愿以偿。从某种形式上来说，展望未来是在心里进行彩排。

一旦确定了愿景和目标，就要假设这些目标已经实现。即在脑海中构想理想的画面。例如，坠入爱河、到达十公里长跑的终点、买下自己心爱的车、收获幸福和快乐、出版新书，得到想要的工作或者是经济上做到了独立自主。要看到实现这些愿景的可能性。这并不意味着只要想着某件事情，就能够心想事成。你仍然需要做好准备，为之做出巨大努力。但是，展望未来可以让人表现得更好，这是有科学依据的，源自各行各业成功人士的经验证实了这一点。通过展望未来，我们可以拥有健康的情绪。如果你想象自己在应对挑战时，做到头脑冷静、态度温和、富有同情心，那么现实中你往往也能这样做。

　　展望未来并不是杰出运动员的专利。这个方法适用于所有人。只要努力奋斗、不断练习，又有良好的社会支持系统，不论我们处于人生的哪个阶段，展望未来都是一种有趣又很有效的思维方法。这种思维方法可以帮助我们做到心态积极，控制自己的情绪，过上自己想要的生活。在我的想象中，我是一个体态轻盈、无拘无束、快乐而有趣的人，设想过后，我尽我所能地成为这种人。我想象自己写作时轻松自如，发自内心地热爱写作，我写作的书出现在书架上，供人购买。我还设想，就算只有一个人买下了这本书，这本书也为他提供了帮助、支持和指引。

　　请闭上眼睛，保持五分钟。憧憬在不久的将来，你的目标已变为现实。想象一下，在这个伟大的日子里，你会看到或听到什么？有何感受？会说些什么？想象自己正与朋友和家人一起庆祝，跟他们分享成功的喜悦。憧憬一下那时你内心会何等安宁，感受逐步恢复朝气带给自己的激动。请憧憬未来，就像这些已经变为现实。

心态积极

放松，专注

动用

你的感官

设定目标

从现在开始改变自己

要做出改变，切忌急于求成。应当身体力行，实践你的宣言。你想成为什么人，你就要朝这个方向努力。如你想要被爱，先去爱人；如你想要收获快乐，不如现在就开开心心；如你想变得自信，那就相信自己。身边如有成功转身的范例，你只需效法他们，就可以朝着构想，大步流星地前进。你还能成为他人学习的榜样。

你不能总是依靠别人，但有一个人你可以毫无保留地相信。这个人就是你自己。自身做出改变的同时，我们也在激励和启发他人。你言行如一，能力够强，拥有合适的品格，就能得偿所愿。你当为此而自豪。

人生路口，绿灯正亮，生活从不停滞。变数不可避免，这就是生活。与去年或者上个月相比，你已今非昔比。现在，你知道何时该适应新局面，何时该按部就班，何时该大刀阔斧，改变计划。你知道，告别悲伤、恐惧、愤怒和怨恨等负面情绪，心态放松，你就能享受这段旅程，明白接下来的路会更顺利。如果我们不再受负面情绪困扰，从中走出来，随着时间的推移，那些看似棘手的问题和艰巨挑战，会渐渐变得无足轻重，失去跟你的关联。情绪会有起伏，出现波动，但是就像大海中的浪花随着海浪起舞，你可以随时调节自己的情绪。

请记住，下面这些事什么时候开始都不晚。

>> 发现生活的美。

>> 心无挂虑。

>> 寻觅知音。

>> 放松身心。

>> 恢复活力，重振旗鼓。

>> 认识自己，分清主次。

>> 调整重心，主次分明。

>> 掌控人生，守住本心。

>> 实现梦想，收获精彩。

只要你愿意，你可以变成自己心仪的模样。只要你愿意，B计划也可以很出彩。你还可以拥有 C 计划或 D 计划。

让我们携起手来，书写新篇章。这些将成为我们弥足珍贵的回忆。崩溃有时，振作有时。让我们培养成长思维，告别压力，迈向幸福。

我会将以下要点铭记于心：

>> 我不会得过且过，我要成为生活的主人；

>> 我会每日磨砺韧性；

>> 我不会随波逐流；

>> 我将遗忘往事，学习重新开始；

>> 我会成为梦寐以求的领袖；

>> 我但求进步，不再力求完美；

>> 我挥挥手，告别伤心的往事；

>> 我将大处着眼，小处着手，即刻行动。

想象一下以下情景：你的幸福和成就将给身边的人带来积极影响，他们为你自豪，从你的勇气中收获良多，从你这里汲取前行的力量。这个世界不乏富有创意和突破性理念的人，但真正说到做到，一步一个脚印将想法变为现实的人则凤毛麟角。我希望你成为他们中的一分子，做一个鼓舞人心、激励他人的人。

从现在开始**改变**自己

勾画未来美好愿景

选择为你喝彩的队友

第四阶段

喜悦与闪耀

第四阶段

喜悦与闪耀

唤醒

自我改变的秘诀在于全力以赴开创未来，而非拼尽全力摆脱过去。

——佚名

这一阶段，你将迎来崭新的一页。新的生活方式将助力你继续成长，兴旺发达；在这一阶段，无论你境遇如何，你将真正接纳自己，接受新的人生规划、开启新的事业、构建新的人脉，养成新的生活方式。是时候热爱生活，感恩所有历练，为自己的成长击节赞叹，从宝贵的教训中汲取养分。这些教训铸就了你的品格，帮助你提升了应对变数的能力。

　　此时的你将再次绽放光芒。在这之前，你也许不得不修改最初制定的计划或者制定崭新的计划。无论何种情况，重要的是你热爱自己设定的愿景。与过去相比，这一阶段中，你更加坚韧、勇敢和顽强。历经磨难后，你做出改变，成长蜕变。你的潜能再次被唤醒。

　　毋庸置疑，未来你需要多次做出改变，以适应新的局面。只要你将所学的技能付诸实践，蜕变之旅就会容易得多。做出改变是生活的一部分。快乐的人懂得改变自己并坚持下去。他们明白自己得一步一个脚印，迈步向前，接受人生的起承转合。他们知道，路就在脚下，生活永不停歇。他们接受生活中的种种变数，乐观地活着，对沿途神奇的改变充满盼望。

4. 庆贺唤醒时刻

心怀感恩过好每一天
成为一束光
给未来的自己写封信

3. 打造核心能力

培养韧性和耐力
时时自我提问
为自省留出空间

2. 拥抱快乐

激发你的创造力
计划庆祝活动
随时帮助他人

1. 踏上新旅途

管理你的时间和期待
战胜那些限制你的观念
养成让你快乐的习惯

大多数人高估了一天内自己所能完成的事，低估了自己一生中所能做出的成就。

——佚名

踏上新旅途

管理你的时间和期待

你是否曾对自己期望过高，因此感到失落？生活节奏加快，使人疲于应对。我们容易对自己和他人产生不切实际的期望。随之而来，我们不堪重负、急不可耐、疲惫不堪、心生沮丧和备受压力。在你启动所有计划时，多多留意自己的期望是否过高，就能游刃有余地应对种种变化，让紧绷的神经得到放松，以更舒适的节奏，在执行B计划时做到从容不迫，卓有成效。

学会管理期望，你在计划时间时更明智，设定的目标会更切合实际。我在《人生计划》中深入讨论过这些技能。我坚信这些技能会为生活增添更多乐趣，使你更自由。

我常建议客户掌握一些基本的时间管理技能，而无须花里胡哨。我需要留出时间来呵护自己，恢复体力，重振旗鼓。我需要设定界限。这些都是我时间管理中的一部分。我桌上总是放着一本打开的日记，上面记录了我所有事项，如我拟定的目标和需要兑现的承诺。实现一项，我就划掉一项。我以一周为单位，制定计划，给自己预留人文关怀的空间，通过自我呵护和正念练习，保持最佳状态。这是我制胜的法宝。

为自己留出时间

拥有适当的雄心壮志会带来积极的效果，雄心壮志能提振精神，激发快乐。我雄心勃勃、内驱力很强，因此有时难免急躁。放慢脚步，自我呵护，避免过度疲劳对我来说是一个挑战。我常常把"为自己留出时间"作为信条，不断挑战自我，放慢节奏，思考问题时不再天马行空，力求更好地平衡生活、情绪更平和。在设定每日、每周、每月甚至年度目标时，我们要留意自己的日程安排，要切合实际，不要因为任何情况透支身心。

适应不断变化的期望

现在你已经充分认识到了，人生在世，并非事事都会如我们所计划的那样如意。当出现问题或所花的时间超出预期时，先调整一下呼吸，明确自己当下的处境，切勿情绪化。停下来斟酌备用方案，明确初心，心态平和地面对一切，砥砺前行。

不被他人的期望左右

你也许能妥善控制自己的期望，但难以改变或应对他人对你的期望。所以，抽出一些时间，态度柔和，与他们开诚布公地交流你的想法。

重要建议：

一天伊始，明确自己的核心任务；
制定动态的任务清单，分清轻重缓急；
在自己力所能及的范围内，
授权给别人，为自己赢得时间；
必要时主动做出妥协；
工作时尽量不要中断或分心；
优先处理最重要的任务；
以九十分钟为一个工作单元，这样效果很好；
扪心自问：这是必不可少的吗？
集中处理小任务；
学会拒绝；
尽量不同时处理多个任务；
将时间网格化；
每日进行复盘，为自己点赞，
计划下一天的任务。

切勿苛责自己

因忘记某事或者陷入困境而自我批评会让你一事无成。未达目标或者没有实现梦想而自我苛责，只会使自己筋疲力尽，垂头丧气。把自己当成生活的探索者吧，人生就是一边走，一边学。

沟通至上

如果别人不知道你的需要，他们怎么能支持你呢？跟他人聊聊你的日程安排、能力局限与喜好，聊聊他们可以支持你的方式，这样他们就有机会真正帮到你。当然，反之亦然。

重新做好准备

无论是在生活、职场还是社会中，我们经常面临小挑战。人生就是如此。但我认同本杰明·迪斯雷利的说法："做最充分的准备，做最坏的打算。" 我会设想最坏的情况，预测不同的结局，做到未雨绸缪。这样一来，我们会在心里准备好C计划、D计划和E计划。即使计划没有如愿，你也能满足自己和他人的期望。

了解自己的期望，它们对你有利还是有害？学会每天早上明确目标或心愿，一天的日程安排和期望就有了明确的方向。

战胜那些限制你的观念

漫漫人生路，人前高谈阔论给不了你快乐，独处时的自我肯定，声音再轻柔，也能使你真正快乐。你内心的独白和自我对话是使你心态乐观、能量满满，还是给你带来了负能量，让你裹足不前？作为培训师，我带领大家走过的最了不起的路是重塑心灵之声。你唯一的绊脚石来自于脑海中的观念。

我们每天都要与脑海中自我贬低的声音作斗争。我现在能快速捕捉谈话中消极的内容，认可它的存在，放弃这个想法，代之以充满正能量的观念。

我帮助过很多客户走出丧偶之痛，他们常说："我怎样才能重新找到伴侣呢？这困难重重。" 这时我总会问："也许你可以做到轻松自如呢？也许你只需骑着自行车，再绕操场一圈。这次结果也许比上次更好呢？你相信吗？"

信念决定你的一言一行和所思所想。尽管还有其他因素，但现状折射你的信念。看看自己的生活状态，你就会明白自己秉承的是什么观念。思考如下问题：你自以为匮乏的东西，你是否真正缺乏？你对自己的期望是否过高？你的观念是不是妨碍你去拥有或者感受你渴望得到的东西？这种心态我称之为贫瘠心态，而非富足心态。"别人找到了人生伴侣，我遇到人生伴侣的可能性就更小了。""她升职了，我就没机会了。" 这样的想法是一种贫瘠心态。反思一下你是否抱有这样的负面想法："好运会垂青于除我之外的任何一个人。"

我跟客户说，你是否要改变，完全取决于你自己。当你力求改变时，变化随之而来。这种消极的心态也必须改变。

改变消极思维，为人生的无限可能创造机会。

>> 承认现状：你能发现自己的思维模式吗？它源自哪里？

>> 相信自己：相信自己可以改变，邂逅更美好的未来。

>> 代之以新观念：树立能量满满的观念。这种观念会给你带来快乐、信心和能量。

使自己畏首畏尾的消极观念	使自己潜能无限的观念
我不知道该怎么做	假以时日，我可以想出办法
我不够好	我已经够好了，我一直在成长
我可能会失败	没关系，失败是成功的一部分
很难改变	改变富有挑战，令人振奋
我年龄太大，已经形成定势，难以改变	我会改变观念
我没有创造力	人人都有无尽的创造力
我的童年很痛苦	我是人生赢家，而非受害者
只有具备相当资格的人才会选择创业	人人都可以创业
我总是遇到这种情况	我不认为自己是受害者，我相信所有人都需要应对挑战
我不堪重负，不知所措	我会深呼吸三次，继续前行

过去那些使我畏首畏尾的消极观念   使我潜能无限的观念

1._____   _____

_____   _____

2._____   _____

_____   _____

3._____   _____

_____   _____

4._____   _____

_____   _____

5._____   _____

_____   _____

我们因心动而开始，因习惯而坚持。

———吉姆·赖恩

养成让你快乐的习惯

习惯就是你每日做的一个个小决定。你的人生本质上是由种种习惯决定的。你是否健康、快乐与否，体力是否充沛，在很大程度上取决于习惯。习惯就是你时常重复的观念或者行为。正如詹姆斯·克利尔在《掌控习惯》一书中所写，习惯塑造人的性格和观念。当你强化快乐的习惯时，你的生活随之发生改变。

你的习惯决定未来。我常常向旧习惯发起挑战，组合或者调整现有习惯。我知道这是我在照顾好自己的同时，实现目标和梦想的唯一途径。埃莉萨是我的一个客户，她到我这儿来的时候，情绪低落。孩子们长大后搬出去住了，丈夫沉迷于自己的业余爱好，她感到百无聊赖。生活一成不变，她为过去的日子伤感，每日又陷入过去的习惯中，无力改变。她才五十岁，生活就毫无波澜。她需要改变，制定新的激动人心的规划，这个规划要让她充满成就感。我们在美好愿景的指引下，彻底放弃了旧习惯。

她发现，在早餐前洗个澡并不能帮助她快速进入工作状态或者让她萌生提升自己的动力。所以我们重新确定了生活习惯，明确早上起来或晚上睡觉前要做些什么。这些新习惯使她元气满满，思维得到锻炼，灵感迸发，动力十足。她比以前起得更早。起来后，她散步一小时，在日记中记下让自己感恩的人或事。洗澡时，她进行自我鼓励。她开始设定明确的目标，练习深呼吸、做瑜伽和进行冥想。现在她定期给我发邮件，分享自己新培养的爱好、结识的新朋友以及精彩纷呈的生活日常。我们只是帮助她改变了心态和对未来的构想，帮助她确定了新目标，培养了新习惯。这些做法成效显著。

所得即结果，所做即过程，所信即身份。

——詹姆斯·克利尔

哪些习惯会让你快乐？

1. _____

_____

2. _____

_____

3. _____

_____

4. _____

_____

5. _____

_____

6. _____

_____

7. _____

_____

你想培养哪些新习惯?

1. _____

   _____

2. _____

   _____

3. _____

   _____

4. _____

   _____

5. _____

   _____

6. _____

   _____

7. _____

   _____

幸福人士的 12 个日常习惯

1. 他们善待自己。
2. 他们将无足轻重的小事抛诸脑后，从不耿耿于怀。
3. 关于科技以及相关的电子产品，他们界限分明。
4. 他们活在当下。
5. 他们不因外力改变自己的习惯。
6. 他们安排得井井有条，为自己的身心留出空间。
7. 他们不压抑自己的情绪。
8. 他们将希望付诸行动。
9. 他们每天锻炼身体，饮食健康。
10. 他们训练自己的决策能力。
11. 他们给自己腾出充电和独处的时间。
12. 他们笑对人生。

习惯是一种模式。习惯使你昂扬向上，努力前行，心情愉悦。定期匀出一些时间，盘点自己的习惯，与习惯合作或者尝试改变习惯。这样你就能心想事成。快乐的人营造内心世界。他们的快乐内化于心，外化于形。愿你同样如此，从内到外，闪耀着幸福的光芒！

养成
让你快乐的习惯

战胜
那些限制你的观念

管理你的时间和期待

拥抱快乐

激发你的创造力

伊丽莎白·吉尔伯特在《去当你想当的任何人吧：寻找自我的魔法》一书中写道："创造性的生活容量更大、内容更丰富、幸福指数更高、维度更广、乐趣更多。富有创意的生活是一条为勇敢者预留的路。" 我深有同感。我认为，恐惧很是无趣。一旦勇气消失，创造力也消失殆尽。训练有素的运动员可以即刻进入运动模式，那些自觉定期培养创新思维的人也会变得富有创意。当你有了创造力，就不会满足于待在安全的岸边，在水面打湿脚指头。相反，你高呼"我可以"，一头扎进大海。最终你变得无所畏惧，摆脱了限制自己的消极观念。

我想跟你说的是，当你坐定提笔，写下一本书的第一个字时，你会深感恐惧。倘若没法做到下笔如有神，该怎么办呢？这样写不行，该怎么办呢？你可以变得勇敢些，一字一句地写下去，大胆尝试。你越怯弱，怯弱就越有恃无恐。坚持写下去，不要害怕，跟自己说："无论结果如何，我都要写下去。我相信这本书在这世上有一席之地，我要让它变为现实。"吉尔伯特鼓励我们要充满好奇心，而不是满怀恐惧。我们内在的创造力正蓄势待发。她说道："创造力这件苦差事令人不堪重负，但也是一项光荣的使命。作品想要诞生，更想要在你的笔下诞生。"我视自己为作品的唯一责任人，也同意吉尔伯特的说法，如果你能做成某件事，你就遥遥领先了。

因此，我希望你把生活、工作和人际交往看成是兴趣、创意和快乐的源泉。不要总期待会出现轰轰烈烈的戏剧性事件。要知道在生活中我们随时能受到启迪。

好奇心是创新的必经之路。你如果希望点燃创新的火焰，就要常常问问自己以下问题：

我对什么感到好奇？我今天发现了什么有趣的事情？

这件事再平凡或者微不足道，都是一粒可激发创意的种子。

能激发创造力的活动：

>> 进行有创造性的写作

>> 写日记

>> 使用精油

>> 种植带芳香的绿植

>> 沿海滩漫步

>> 加深对自己所吃的食物的了解

>> 学习插花

>> 学习呼吸技巧

>> 学习种植蔬菜

>> 研究家谱

>> 编织

>> 绘画

>> 设计珠宝

>> 跳舞

>> 写诗

>> 了解瑜伽的各种姿势

>> 学习最佳投资方案

>> 回馈社会

>> 参加志愿活动

我感兴趣或者感到好奇的活动：

1. _____

_____

2. _____

_____

3. _____

_____

4. _____

_____

5. _____

_____

6. _____

_____

如果知道有可能会失败，你会怎么做呢？
就是创新思维使你成长。

你越是赞美和讴歌生活，生活中值得讴歌的事情就越多。

——奥普拉·温弗里

计划庆祝活动

向空中撒些彩纸屑，以示庆祝！短期和长期目标都实现了的话，你会怎么庆祝？我经常发现人们在完成目标之后，不曾肯定自己的努力，也不曾静坐片刻，感受成功的喜悦，就马不停蹄地奔赴新的目标。你启动新计划时，要人到心到，让自己全情参与。去举办一些激励自己的庆祝活动吧！这样的活动富有感染力，会带给你前行的动力。在此之前，你全力以赴。这些庆祝活动是你当之无愧的奖励。所以，开大音量，尽情跳舞；打开香槟，开怀畅饮；放松心情，欢呼雀跃。你完全可以这样做！

庆祝成功的方法

>> 给曾经支持过你的人赠送贺卡或礼物表达谢意：你会送给谁？你会送什么？

>> 购买特别的纪念物：你会买什么？你用它做什么？

>> 外出旅行：你会去哪里？你在那会做些什么？

>> 预留时间：如已预留时间庆祝，你会做些什么？你如何消除疲劳、振作精神？

>> 庆祝晚宴：你会在哪里庆祝？你会邀请谁来？

>> 举办派对：你会邀请谁来？干杯时你会说什么？

我庆祝的事情：

小确幸

_____

_____

_____

_____

_____

大喜事

_____

_____

_____

_____

_____

重要建议：

让你的计划看得见，以此提醒和激励自己：
拍下旅途中秀美的风景、
购买的纪念品抑或是去过的餐馆。
庆祝结束时，
你会怎样帮助别人像你一样做到成就斐然？

我每天都能发现值得庆祝的事。我的日记每天都围绕这个问题开展："今天见证了哪三件很棒的事情？"即使情绪低落、体能欠佳，我依然能想起当天自己见证的三件美好的事情。

今天的三件奇妙事情

1._____

_____

2._____

_____

3._____

_____

别忘了为自己点赞！记录美好的经历，日后回忆起来的时候，你会喜欢这种感觉的。无论是自己取得的成就，展示的力量，锤炼的品格抑或是当下正在做的事情，你都可以为之点赞。你还可以为未来要做的事点赞，为未来的"成就"点赞。

我很兴奋因为 _____

我很兴奋因为 _____

我很兴奋因为 _____

我很兴奋因为 _____

我很兴奋因为 _____

随时帮助他人

伊索说过："善举再小都不会付诸东流。" 因为你友善的举动，某人也许会发出会心的微笑；你随时帮助他人，传递正能量，你和接受你帮助的人心情会更舒畅。这种感受促使他们对别人也更加友善。爱与快乐就此传扬开来。

一天当中，尽可能想办法让他人觉得你很珍惜和看重与他们相处的时光。无论你们相识与否，你都可以对他们笑一笑，逗他们开心抑或主动帮个忙。

每天吃晚餐时，我们聚在一起聊天，聊聊当天的酸甜苦辣，聊聊当天自己给他人的帮助。这在我们家已经形成了习惯。晚餐时这种看似寻常的习惯使我们一家人的联系更密切，使我们的福杯满溢，激励我们不断行善。

随时帮助别人	给别人买杯咖啡	给身边的人道声"早上好"
跟别人说"我爱你"	开车时为别人让路	关心他人的近况
过马路时，对陌生人微笑	给朋友打电话	拥抱他人
给伴侣把早餐端到床边	花15分钟听别人说话	帮助别人尝试新事物
分享你最爱的菜谱	和脑脾的人说话	在社交媒体上为他人点赞
在公共汽车或者火车上给别人让座	联系老朋友	帮助他人
送老师礼物，以示感谢	烤个蛋糕，送给别人	帮邻居遛狗
帮别人跑跑腿，帮别人开门	帮邻居打理草坪，捡起他人乱扔的垃圾	赠送鲜花，想送就送；给侍应生小费
给别人留个温馨的便条	给朋友发个笑脸表情包	赞美他人

我最喜欢以下面的方式帮助别人：

我们要乐于助人，也要乐于接受他人的帮助。

无论你赚了多少钱，成交了多少笔生意，实现了几个目标，赢得了几枚奖牌、获得了几个奖项，没有人会把这些挂在嘴边。他们记住的是你给他们留下的感受。如果你本身内在匮乏，何谈馈赠他人？

随时帮助他人

计划庆祝活动

激发你的创造力

生存环境不断变化，最能适应的物种才能活下来。

———利昂·麦金森

打造核心能力

培养韧性和耐力

韧性指迅速走出困境的能力。变化或逆境在所难免，但应对的过程也是变得更坚强和富有韧性的过程。我们有必要花点时间，了解如何培养韧性。这样你在面临挑战时才能觉察到自己已经变得更坚韧，核心能力得以提升，能更好掌控自己的一切。

儿科医生兼人类发展专家肯·金斯伯格博士认为，韧性由相互关联又缺一不可的七个要素组成，即能力、自信心、人际关系、性格特征、贡献、应对策略和自控能力。这些要素能帮助我们在不确定性中获得力量。

美国心理学会列出了十个办法，助力人们培养韧性，提升耐力。我依此作为参考。当你想振奋精神，培养韧性时，仔细阅读这份清单，看看你能做些什么。

1. 与他人建立联系：有人关心你，愿意听你倾诉心声，你如果接受这些人的帮助，获得他们的支持，有助于你变得坚韧不拔。
2. 不要认为当下的危机是迈不过的坎：别为当下所困，放眼未来，那时也许已经柳暗花明。
3. 树立变数乃生活的一部分的观念：接受无法改变的事情，

集中精力，改变你能改变的。

4. 朝目标迈进：即使成就微不足道，只要持之以恒地努力，就能离目标越来越近。

5. 下定决心，行动起来：不要逃避问题和压力，也不要奢望它们会凭空消失，在逆境中要做力所能及的事。

6. 把握机会，发现自我：在失去时，人们往往痛苦不堪，但在这个过程中，他们往往对自己的了解更为深入，发现与过去相比，自己在某些方面有进步。

7. 肯定自己：相信自己解决问题的能力和直觉，这有助于增强韧性。

8. 从长计议：即使当下的事情颇为棘手，让你倍感压力，也要努力提升格局，把这件事跟更重要的事联系起来，从长计议。

9. 保持豁达和乐观：不要忧心忡忡，多在心中憧憬自己乐于见到的景象。

10. 照顾好自己：关注自己的需求和感受。参加你喜欢和觉得轻松自在的活动。

坚韧不拔并不意味着时时都幸福如意。无论是孤独、嫉妒、内疚、恐惧还是愤怒，负面情绪对于幸福生活而言都必不可少。它们就像战场上的一面面白旗，示意你是时候做出改变了。

时时自我提问

知识就是力量，智慧源自问对问题。教练向我们提问，我们也问教练问题，倾听他们的回复，然后去启迪客户。我把问题写在墙上，以激发自己的好奇心，时刻提醒自己不要忘记自省和反思，不要忘记跟自己的内心建立连接，提升韧性，养成好习惯。我们要想生活幸福，获得成功，关键在于跟自己的内心世界建立连接。这些问题言简意赅，不一会儿，就能使我们安然自在。

我每天最喜欢问自己下面这些问题：

"我今日要达成什么目标？"这使我条理清晰、重点突出、目标明确。

"内心有爱的人会做些什么？"这使我内心变得平和，不再被情绪左右。

"我当为什么感恩？"这使我关注出现的变化和问题，心态变得健康。

我建议你早上起来、临睡前把自己的问题记在日记里。你可以从下面这份列表中的内容开始做起。

晨起后问自己以下问题:

>> 对我来说现在最重要的事是什么?

>> 我应该对什么心存感恩?

>> 是什么事使今天得以点亮?

>> 今天我弄明白了什么?

>> 此刻我为什么事高兴?

>> 我因为什么事而激动?

>> 我真正想要的是什么?

>> 有什么是我今天可以舍弃的?

>> 今天我该如何善待他人?

>> 当下我为何事自豪?

>> 眼下我爱的是谁?

>> 当下谁在关心和爱护我?

>> 今天我将完成哪些有创造性的工作?

>> 我今天应该尝试做些什么事?

>> 内心有爱的人会做些什么?

>> 拖延给我带来什么后果?

临睡前问自己以下问题:

>> 今天哪三件事自己做得很棒?

>> 今天有哪些地方我还可以做得更好?

>> 我今天学到了什么?

>> 我今天给别人带去了什么?

>> 我如果更明智,明天会做些什么?

>> 当下什么事对我最重要?

晨起后问自己三个至关重要的问题：

1. _____

_____

2. _____

_____

3. _____

_____

临睡前问自己三个至关重要的问题：

1. _____

_____

2. _____

_____

3. _____

_____

花些时间在日记中自问自答，会让你恢复状态，感觉良好。就每个问题，提供三个答案。

花在自省上的时间从来不会付诸东流。这是跟自己进行亲密约会。

——王延平

为自省留出空间

　　清晰的头脑、为人处事的智慧、平和的心态抑或事业的成功都根植于我们的内心世界。这些我们当铭记于心。我们再忙也要清楚地知道，自省和平和具有治愈人心的力量；我们再忙也当停下脚步，给自己留出余地，稍事休息，避免产生倦怠情绪；我们再忙也要感受生活的美好。

　　自省意味着认真思考。无论身处何方，无论是独自一人抑或身在人群中，你都可以省察自己的言行。我们可以通过书面的形式自省，也可以自问自答。我们回顾过去，回顾自己所取得的成就，思考自己当下哪些事做得对，哪些事做得不对。

　　倘若时间固定，自省的效果最好。周末的早上弥足珍贵，也许你可以抽出一个小时，审视自己的内心世界。我喜欢坐在咖啡吧里，在喝咖啡的间隙，停下思考，写下自己的所思所想，梳理所发生的事；我还喜欢一个人去遛狗，边遛狗边思考，放慢思考的节奏，逐渐找回内心的感觉。要知道，人生并非赛跑，我们当停下来，感受生活的美好。如果我们在逃避什么，我们当自省。成就斐然的运动员、杰出的领袖以及各行各业的成功人士都会抽出时间审视自己的内心世界。通过自省，他们看得更清楚。

　　每天都能捕捉或是留出时间，进行静修，是何等幸福。这样做不仅能让你的思维更加清晰，还能让你元气满满，实现很多目标。因此，无论这种安静的时间是转瞬即逝还是一整块，都要善于捕捉，全心全意地享受这些时光。

当你身处寂静的房子，抑或在浴室洗手或沐浴时，你都可以进行静修。无论是在等候绿灯，或是乘坐公共交通工具，还是排队等候，你都可以做到心神宁静，感受和回应自己内心的情感，按下忙碌的暂停键，享受这难得的宁静。停好车后，你可以做三次深呼吸。抑或在驾车离开前，坐下来，做六次腹式呼吸。

无论我们身在何方，都要做到全心全意。在发送电子邮件前，暂停一下；在路过户外的树木时，停下来摸摸它。一呼一吸或念头转换的间隙何其短暂，但也弥足珍贵，可以成为你静修的时间。让一切都慢下来吧，去捕捉那些转瞬即逝的片刻。当你匀出时间体验内心的安宁时，你内心的感受会发生变化；你内心的感受变了，外界也会因此发生改变。

如前所述，我给自己许下的诺言是每天下午都留出 20 分钟进行自省和冥想。停下手头的工作，进行深呼吸，感受此时此刻。这种做法有着惊人的效果。

我培训客户时，常常要他们停下手头的工作，坐下来，进行深呼吸，为他们的过去感恩。这时，他们常常满心欢喜，感动得流泪。他们内心充满了成就感，发自内心地欣赏和喜欢自己。我现在也常这样做。以前我可从没这么做过，我觉得这么做纯属浪费时间，与矫情毫无分别，但这种方法似乎有超能力。我变得快乐起来，思路豁然开朗，内心很踏实。学校里老师为什么不教学生如何表达感恩之心？我注意到，遇到挫折时，我的客户都善于反思。他们反复回顾自己失败的经历，对失败的原因进行过度解读。他们被困在失败的阴影里，仿佛失去了行动的自由。而当诸事顺利，机会多多，他们回顾这些经历时，似重获自由。他们意识到，无论是逆境还是顺境，都与自己的决定有关。我们如何思考，如何回应，把时间花在哪些地方，这些都与我们的决定有关。

让自省、静修和冥想成为你生活的一部分，带你找到快乐。要利用碎片化时间进行冥想，也要在日记中预留些时间定期静修。我常让客户和自己约会，去咖啡馆里坐坐，或去散个步，深入自己的内心世界，去仔细思考。如此一来，我们的思维会变得清晰。

我喜欢把这个活动比作用杯子从河里取水。河水最初很浑浊，水流湍急，但当你平心静气、稳稳当当地握着杯子，水中的杂质沉淀到杯底，水变得半透明，而后清浊分明。头脑清晰是最强有力的恩赐，把这个礼物送给自己吧。

我会通过以下方式让自己头脑清晰、心神宁静：

_____

_____

_____

_____

_____

_____

你需要全神贯注、诚意满满才能做到心神宁静，开始自省。忙于其他事情时，你无法进行冥想或者自省。冥想或自省是很有效的方法，可以助你掌控、管理和引领自己的生活。

为**自省**留出空间

时时自我**提问**

培养韧性和耐力

感恩的心是奇迹的吸铁石。

——佚名

庆贺唤醒时刻

心怀感恩过好每一天

过去的二十年里，我为客户提供人生指导。每一次经历都弥足珍贵，使我受益匪浅，对此我心怀感恩。我与客户进行深入交流，一起品尝咖啡；我登上舞台，为客户发表演讲；我走进书店，举办新书签售会。在职场中，我也曾面临挑战，心生恐惧。看到台下座无虚席，上台演讲前，我曾害怕不已，担心一切就此结束；我也曾紧张不安，彻夜无眠，凌晨四点起床，去乘坐早上的航班，一连多日满负荷工作，我筋疲力尽，差点崩溃，但我很感恩。正因为有着这种种经历，我才变成今天的自己。

我感恩读过的每一本书，听过的每一篇播客，看过的每一场 TED 演讲。有时候里面的内容我并不喜欢，但从中我依然学到了东西。我感恩求职时一次次被拒，一次次碰壁，但是说到底，那些工作原本就不属于我。我感恩信任和支持我的每一个人。

对于正在支持或者曾经支持我的人，如家人、朋友、培训师、人生的榜样、医生、理疗师，我心怀感恩。他们就像一面面立着的镜子，提醒我放慢脚步，享受人生之旅，关爱他人，发自内心地关心自己以及生命中遇到的每一个人。

我花了很长时间，经过多次练习，才从心底里接受了这种时时感恩的生活方式。心怀感恩不是靠动动笔杆子，耍耍嘴皮子，或是心里想一想就可以了。是要身体力行，落到实处。我邀请你从现在起也时时感恩。我每天都写下心中的感动，也经常思考如何表达感恩，感恩的思维已深入我心。我相信即便身体不适、情绪崩溃，那些日子也是命运的安排，让我和自己对话，提醒我保重身体，关心他人。

我最感恩的事：

1. _____

   _____

2. _____

   _____

3. _____

   _____

4. _____

   _____

5. _____

   _____

在提升自我、自我赋能的旅途中，对自己心怀感恩。

成为一束光，照亮他人前行的路。

——罗伊·贝内特

成为一束光

无论你曾经历什么，你都可以继续前行，成为他人生命中的一束光。你能让自己光彩照人，全心全意接受 B 计划吗？

我的客户常把我比作他们人生的灯塔。只要有可能，通过分享我的人生故事、生活和思维方式，我希望自己可以成为一束光，指引他人前行的路。我的方式可能不适合每一个人，如有人能从中受益，我会很开心。我常要求自己成为家人和朋友路上的光，我坚信整个宇宙都会为我指路。

所以，让自己光彩照人、发自内心地快乐，成为他人的灯。

给未来的自己写封信

　　在这段日子里，你不断自我接纳、适应变数、恢复状态、自娱自乐。在这个旅途中，你学到了什么？你想跟未来的自己说些什么呢？给未来的自己写封信，彰显你对自己的友善和关心。未来的日子里，你会面临许多风浪，希望这些风浪的威力并不大，但一封情真意切的书信能提醒你从过去的经历中学到了什么，你给自己做出过什么承诺。将来，一想起这封信，你会倍感安慰。所以，抽出时间给自己写封信，把你最重要的感悟记录下来。

_____

_____

_____

_____

_____

_____

_____

指引你前进的人生指南：

>> 保持合适的节奏：对生活不要操之过急。

>> 快乐无价：金钱买不了快乐。

>> 你无法取悦所有人：要明白，一味取悦他人是坏毛病。当机立断，不要犹豫，只争朝夕。

>> 好东西来之不易：天下没有免费的午餐。

>> 永远不要害怕再尝试：第一次你也许搞砸了，这无伤大雅。

>> 尽早关注自己的健康状况：健康是你最宝贵的财产。

>> 不要透支自己的能量：一旦能量不足及时自我关怀。

>> 你并非总能得偿所愿：计划再周密也会出错。光阴似箭，让每一刻都有意义。

>> 爱不能听凭内心的感觉：我们需要每天主动去关爱他人。

>> 换个视角，一切变好：有了合适的视角，问题和挑战不再棘手。

>> 善待自己，也善待他人：不要把自己的想法强加于别人身上。

>> 灵活处理你的目标：更快实现的目标并不一定就是更好的目标。

>> 你就是最好的自己：别拿自己和别人比。

给未来的自己**写封信**

成为一束光

心怀**感恩**

过好每一天

写在最后的话

或多或少，每个人在生活中都会历经变数。差别在于我们是主动还是被动地面对本书中描述的四个阶段。也许我们面对的是工作上的变化、经济上入不敷出、与相爱之人劳燕分飞、居住环境发生改变、自己生了大病抑或痛失至爱，不论是什么原因，我们都要学会自我接纳、自我疗愈、确定人生新的方向，阔步向前。

在你面临变数时，你需要学会接纳、适应或制定新计划。我希望这本书能帮助你理解面前该走的路。它可以成为你终身的向导，无论你面临的变数和挑战是微不足道还是非常艰巨，你都可以从这本书中获得鼓励、找到前行的动力和合适的建议。

B 计划也可能蕴含了恩赐、财富和宝贵的经历，C 计划和 D 计划也一样。当你转变心态、重整旗鼓，根据自己面临的新环境，形成新的策略、习惯和思维方式时，你潜在的超能力也会得到开发。

无论你现在是位于人生的哪个阶段，都祝你前程似锦！希望你能明白，你并非孤立无援！无论是对自己还是他人，请你做到意志坚定、态度柔和！

心怀感恩、牵挂你的珊娜·肯尼迪

致谢

感谢我的榜样和老师们，你们教会我在生活和专业领域驾驭变数！

感谢在我二十年教练生涯中与我合作的每一位客户！谢谢你们信任我，与我分享部分生活经历，让我成为你们的灯塔。

谢谢我的丈夫迈克尔！你永远是我最重要的人。你永远相信我，认可我的观念，为我加油鼓劲。谢谢我正处青春期的孩子杰克和米娅。你们每天激励着我，成为最好的自己。你们是我的全部。

感谢我的父母！你们都有过失败的婚姻经历、遭遇过意外事故，健康一次次出现危机，年纪轻轻就失去了父亲或者母亲，也曾面临失业。尽管生活充满了不如意，但你们依然是我们眼前的灯塔。你们教会了哥哥、妹妹和我生活简朴，脚踏实地，致力于生活中至关重要的事情，奠定了我们幸福生活的基础。

感谢企鹅兰登书屋的优秀团队！你们倾听我的想法，相信我，支持我，将我的创意和憧憬变为文字出版。谢谢你们，投入大量时间和精力，打磨我的书稿！

谢谢我的家人和朋友们！谢谢在新冠肺炎疫情防控期间陪我一年之久的教练！谢谢你们从未给我的逐梦热情泼冷水！衷心

感谢你们的鼓励！我就是像你们所说的那样"去争取"，对自己的目标说"Yes"，采取各种措施，尽力不再自我否定。

最后，谢谢我的读者朋友们！我能创作这几本书，离不开你们的支持。感谢所有购买《人生计划：使人生有意义的简单策略》的读者朋友们，谢谢你们抽出时间给我写信，与我分享这本书是如何改变了你们的生活。你们给了我继续写作的勇气，对于你们，我将永远心怀感恩。你们使我的生活充满阳光，提升了我的成就感。感谢你们，让我有幸为你们写作！我希望收到你们的来信，听你们分享 B 计划如何带领你们战胜生活中的变数。我希望这本书能给你们一个拥抱，启发你们、向你们展示如何驾驭和拥抱变数，焕发出新的光彩。

关于作者

　　珊娜·肯尼迪是澳大利亚享有盛名的生活策略培训师之一。她致力于帮助客户改善工作状态、提升幸福感以及改变生活方式。她擅长为客户制定个性化的执行性策略、帮助他们过渡到新的阶段、学习憧憬未来、克服倦怠和规划生活。以往的经历表明，她具有丰富的专业知识，可以帮助客户掌控生活，实现愿景和目标，找到幸福感和成就感。

　　珊娜撰写的《人生计划》非常畅销。在营造幸福方面，她身兼多职：她是幸福专家、专题演说家；她协调举办工作坊、为媒体撰稿；她是妻子，育有两个孩子。尽管身患慢性疲劳综合征和抑郁症，但她忠于自己的价值观和内心世界，从容优雅，朝气蓬勃，生活得有声有色。

　　珊娜精通生活简朴的艺术，为我们展示了一系列营造幸福生活不可或缺又卓有成效的技巧。这些技巧帮我们改变生活和工作方式，厘清思路，明确人生的方向和目标。这些营造幸福生活的技巧还向我们展示了自我呵护、自律和掌控生活的种种益处。

图书在版编目（CIP）数据

开始，改变 / （澳）珊娜·肯尼迪著；周坤，屈典宁译. --长沙：湖南人民出版社，2024.7
ISBN 978-7-5561-3400-7

Ⅰ. ①开… Ⅱ. ①珊… ②周… ③屈… Ⅲ. ①成功心理—通俗读物 Ⅳ.
①B848.4-49

中国国家版本馆CIP数据核字（2024）第033947号

Plan B: A Guide to Navigating and Embracing Change
Text Copyright © Shannah Kennedy, 2021
First published by Penguin Random House Australia Pty Ltd. This edition published
by arrangement with Penguin Random House Australia Pty Ltd.

由湖南人民出版社与企鹅兰登（北京）文化发展有限公司Penguin Random
House (Beijing) Culture Development Co., Ltd.合作出版

开始，改变
KAISHI GAIBIAN

著　　者：[澳] 珊娜·肯尼迪
译　　者：周　坤　屈典宁
出版统筹：陈　实
监　　制：傅钦伟
产品经理：刘　婷
责任编辑：刘　婷
责任校对：唐水兰
封面设计：凌　瑛

出版发行：湖南人民出版社［http://www.hnpp.com］
地　　址：长沙市营盘东路3号　邮　编：410005　电　话：0731-82683327

印　　刷：长沙超峰印刷有限公司
版　　次：2024年7月第1版　　　　　　印　次：2024年7月第1次印刷
开　　本：787 mm × 1092 mm　1/32　印　张：9.75
字　　数：150千字
书　　号：ISBN 978-7-5561-3400-7
定　　价：59.80元

营销电话：0731-82683348（如发现印装质量问题请与出版社调换）